地球人のための超植物入門

——森の精が語る
知られざる生命エネルギーの世界

板野　肯三

アセンド・ラピス

はじめに

なぜ、一粒の種から、大きな木や、花が育ってくるのだろうか。なぜ、どんな植物でも、枝を土に刺しておくとそこから根や芽が出てくるのだろうか。挿し木というのは、動物でいえばクローンである。種にしてもすべての種から芽が出るわけではないし、挿し木も枯れてしまうものもある。接ぎ木という増やし方もある。花を一枝、花瓶に活けておいても、すぐにしおれてしまうこともあるし、その枝から、新芽が息吹いてくることもある。

植物は生命のかたちに融通無碍なところがあるが、なぜそういうことができるのかということである。

遺伝子が生命の究極の原点であるとは思えないのである。私には、一輪の花であっても、その生命体としての存在の原点、存在のエネルギーそのものがあって、そこから生命体が発生してくるときに、DNAが使われているだけのような気がする。

これは、植物だけの問題ではなく、人間であっても、動物でも、基本は同じではないかと思う。

それに、話しかければ答えてくれる花の主体はどこにあるのか、ということである。

実は、この本を書くにあたって、何をどこまで書くべきか迷いがあった。

というのは、植物や自然霊の思いを理解できるということ自体が、世の中一般には受け入れ難いだろうと考えたからである。

しかし、私は普段から、当たり前のように植物たちと交流している。

科学者として、そのことについてそろそろ自らの態度を明らかにしないといけない気がしていた。

本書では、私自身の理性の許す範囲で、どこまでこの世界を言葉に表すことができるか挑戦してみた。

現代人は、よく、身体(物)と心が分離した、機械論的世界の中に生きているといわれるが、物心二元論を唱えたデカルト自身は、そうした世界の中に生きてはいなかった。彼は、自らの神秘体験を通して、魂の存在を肯定し、魂と肉体の関係を語る中で、肉体という仕組みの機械的モデルを説明したのである。その意味では、デカルトが語った、もとの世界観に戻る必要があるということだろう。

植物の世界は、人間の世界と同じところもあるし、全く違うところもある。しかし、彼らも私たち人間と同じように、一生懸命に自分の人生を生きている。肉体ではなく魂を中心とした新しい科学の物語が必要なのだ。

植物を通して、唯物的な物語ではない別の世界、目に見えないエネルギーの世界の物語を知っていただきたいのである。

その意味で、この本を、単に植物を題材とした科学エッセイとしてだけでなく、新たな世界を作るという観点からも読んでいただければ幸いである。

筑波大学名誉教授
板野　肯三

地球人のための超植物入門

——森の精が語る知られざる生命エネルギーの世界

目次

目次

Contents

Contents

屋久島の三代杉

明治神宮のスダジイ

1 プロローグ

——地球に植物がある根源的わけ

明治神宮の森の南端にスダジイの大木がある。スダジイはいわゆる椎の木で、日本に広く分布する常緑の広葉樹である。

街路樹として使われることはなく、都会ではあまり馴染みがないが、古いお屋敷の跡地とか、昔ながらの武蔵野の自然が残る場所では見かけることがある。

明治神宮のスダジイに、その場所で何をしているのかを尋ねてみた。話しかけると、ものすごく強いエネルギーが返ってきた。

いつもは、草木に話しかけても、人間的なメッセージを感じることはないのだが、この時は、荒々しい、野武士のように無骨なエネルギーとともに、あるメッセージが送られてきた。内容はといえば、ずいぶんと重く、人間に対する、少し辛口の批評が含まれていた。

実は、このメッセージが、私がこの本を書くことにしたきっかけの一つだ。

都会の真ん中で、人に知られず、地球のエネルギーをその土地に供給している植物たちの思いを、私は現実に受け取った気がした。

その思いを、私が伝えなければ、と思ったのだ。

＊＊＊

我らの元によく来られました。

あなたは、この場所でどういうエネルギーを感じますか？


この境内に入ると、ご神域っていう、神気《しんき》みたいなものは感じます。


ここの神宮の森の樹木全体が、一つの磁場を作って神域を守っています。

それだけでなく、私たちは、地球から大自然のエネルギーを吸い上げて、東京全体に放射しているのです。

日本の何か所かに、日本の錨《アンカー》ともいうべき場所があります。

この明治神宮の森は、そういう数少ない場所の一つです。

私たちは、そこに地球の強いエネルギーを引いてくることで、自然のバランスを保っています。

ここ明治神宮は、このエリアでの一つの防衛線となる場所です。

東京にはそういう場所が、ここだけではなく、何か所かあります。

植物の世界には、非常に深い森を作り出している存在があります。

森の自然霊です。

森の木の総体として、ある一定量のエネルギーがないと、自然が成り立ちません。

そして、森が作る自然に共鳴する場所が、日本の国土の中に一定の割合で存在しないと、日本全体の調和が保たれません。

そういう意味で、我々スダジイだけが一生懸命頑張ってエネルギーを放出しても、難しいところがあります。

物質文明の中で、自然の中にあるエネルギーをほとんど感じないで生きている人や、自然の意味を見失っているような人たちが非常に多い。

そういう人たちが土地を開発したり、環境を操作したりするため、本来の自然のエネルギーのバランスを保つことが非常に難しくなっています。

もちろん、その地域に住んでいる人たちが、調和に満ちた素晴らしい波動でいてくれれば、それでいいことなのですが、なかなかそうはいきません。

それで、私たち植物が一生懸命、全体の環境を元に戻そうと頑張っているのです。

ですから、ある程度の深い森のような、植物のエネルギーが十分存在できる場所を、もっとたくさん作って欲しいのです。そうしないと、そのエリア全体が蝕まれていきます。

その結果として、さらに、人間や動物たちの心が不調和になり、病んでしまうことにもなるのです。

明治神宮のこの辺りは、ほかのところと比べたらとても環境がいいのですが、それでも、理想的な自然からみると、苦しい状態にあります。

あの柵を一つ乗り越えたら公園です。相当の面積がありますが、向こうの公園は自然がとても荒れています。ネガティブなものが押し寄せています。

人間が公園を作るときに、植物の本当の意味を知らずに、物のように扱うからです。そうすると植物の元気が無くなります。

いまの人間が持っている知識ではコントロールしきれないものがあることを知らないといけない。

そうすると、この森は、生命体としての地球とつながっているのですね。

もちろんそうです。

地球自身とつながっているというより、地球の生命エネルギーの表現をしているのが私たちなのです。

人間も、地球の上で生きている以上、地球という生命エネルギーの場の中にいます。

しかし、意識がエネルギーの流れからかなり遊離してしまっていて、一つの生命としての自覚を持てないのです。

人間は、自分自身で、地球のエネルギーに同調していくだけの力を失っています。


植物は、地球のエネルギーをそのまま感じて生きています。

植物だけではなく、いろいろな海の動物たちも皆そうです。

人間も、地球のエネルギーを感じられれば、こういう自然の状態、このような森の存在や、自然の営みがあること自体がとても大事なものだということがわかるはずなのです。

それを感じる力を失っているのです。


公園を作るときも、人間にとって暮らしやすくなるかどうかという観点だけで、非常に安易なものを作っています。

植物の生命エネルギーのことをあまり考えていない。

植物を植えれば、芽が出て伸びて行くだろう、くらいにしか思っていない。

植物全体が、地球に同調してエネルギーを表現している、一つの形態なのです。

それが人間や、いろいろな生き物を生かしていく場を作っています。

植物はそういう基本的な役割を持っている。

そのことをきちっと知れば、どういうふうに人間が住む場所を作っていったらいいかを考えるときの、もう少しいい指標になるはずです。


ですから、ここのエネルギーを感じて欲しいのです。

深い森の中に行かないと感じられないようなものが、少なくともこの場所にはあります。

理想的ではないにしても、その片鱗みたいなエネルギーを作っていますから。


そういうエネルギーは、山道も作られていないような、普通の人には近づくことさえ難しい場所に行かないと、なかなか感じられない。

深い森林が残っているような山奥に行くには、山登りの重装備で、相当の体力を持っていないといけないけれど、ここは多少なりともそういうものが感じられる場所なのです。

そのエネルギーや、波動を感じて欲しい。それがわからなければ、頭の中で、理屈だけで考えても感動もないし、何も変わらないでしょう。

植物が守っている自然のエネルギーについてもう少し詳しく教えていただけませんか。

自然のエネルギーを守っているのは、植物というよりも、自然霊です。普通、山には深い森がありますが、自然霊は、その山のエリア全体を守っている存在です。どれくらいの規模かというと、だいたい、山脈全体が一つの霊的な存在です。北アルプスであれば、だいたい北アルプスの尾根全体が一つの自然霊が守っているエリアです。

なぜそういう自然霊がいるかというと、大きくいうと、まず、日本という国を作る神の計画があります。日本には国としての一つの使命があります。日本という島、大地を生み出すために、自然霊が色々と働いているのです。自然霊は、日本の大地、山脈、平原という、そういう場所を存在させる力の源泉そのものです。

自然霊が山を作る時に、他のもっと強い力が必要であれば、より高次のところからエネルギーを引いてきて、たとえば渓谷を造形したりすることができるのです。

そういう自然霊が自分の意思で作り出す大地がまずあって、そこに木が生えたり草が生えたりしています。

自然霊の生み出した場所にいろいろな植物が育って自然の原型を作るのですが、その植物にも魂があります。

植物には植物の役割があり、全体と連携して、調和したエネルギーを流し合いながら存在しているのですが、現在、人間だけがそれをしていないのです。

人間も、その地球全体のエネルギーの流れの輪の中に入っていかないといけないということですね。

そうです。

人間は人間として、この地球に、愛の下に高度な精神文明を築いていく使命があります。

そのときに、自然との関係でも理解しなければいけないことがあります。

それは、地球を理解することと同じです。

この青い、素晴らしい惑星が何であるかということを、あなたたちはもっと理解すべきです。

この素晴らしい地球という星に、一つの非常に重要なメンバーとして、こういう植物の集団の魂が存在していることの意味を知ってほしいのです。

一個一個の、一つ一つのもの、一部分だけを見ているからわからないのかもしれない。

森であったりとか海であったりとか、地球の素晴らしさをもっと感じなければ…。


この日本の自然は今後どう変わっていくのでしょうか。


今、日本がどういう状況であるかは、日本だけ見ていてもわからないでしょう。

日本のように、こういう水にも天候にも恵まれている場所は、地球上にそんなに多くありません。

木が生えて、そこに川が流れる大地の営みは、本来、生命に満ち溢れていなければなりません。

しかし、世界的には逆の方向に向かっています。

なぜそういうことが起こるのか、もう少し根本的なところから認識しなければなりません。

偶然に起きているわけではないのです。環境が変化するのは地球意識の責任だけではありません。

地球意識が、自分の肉体を守りきれなくなっているのです。

そういう中でも、最後の瞬間まで、ここだけは守られるという場所がいくつかあります。

日本はそういう場所の一つで、それは使命があるから守られているのです。

日本を守っている自然霊の方達が、一生懸命地球のエネルギーを引いてきて、この状態を維持しています。

それがなければ、あっという間に砂漠化してしまいます。

これから世界的に、環境的に厳しい状況がどんどん人類に迫ってくるでしょう。

その中で、だんだん色々なことがわかってきます。

現在、当たり前ではないことが起きているのだけれども、目の前に存在するから、それが当たり前のように見えています。

いま砂漠の国に行っても、もともと砂漠だと思えば、これはこうだとしか思えないかもしれません。変化がないと、当たり前だと思ってしまうのです。

けれど、もともと豊かな緑があったところが日照りになり乾燥していき、もともと山があったところが、木が枯れたりと、いったん変化が起これば、それが当たり前のことでなかったことがわかります。

今まで穏やかな気候が続き人が住めたところが突然寒くなったり、雨が全く降らなくなったりすることが、これから頻繁に起きて来るでしょう。

それは、人間が不調和な想念や行為で、自然のエネルギーのバランスを崩してしまうために起こることです。

長い目で見れば、私たちは何も困ることもないですし、枯れたからといってそれで生命が終わりではないので、問題はないのですが、そうなれば困るのは人間の方でしょう。

植物なしでは、人間は生きることはできないのですから。


あなたはこのスダジイの木に宿っている魂なのですか?


いいえ、そうではありません。

もちろん、こういう、木の中に宿っている魂はあります。

個性化して話ができる木もあります。

ただ、木の中に宿っている魂が、誰でも人間と話ができるというわけではないのです。

こうやってあなたに話をしている私は、木の魂の中でも、大元《おおもと》の魂です。

固有の一本の木の中に入っている魂、エネルギー体も、もちろんあります。

そういうエネルギーがないと、植物体として生きていられないからです。

どんなに細い一本の木でも、あるいはその辺に生えている雑草の中にも、必ず、魂という霊的エネルギーは流れています。

一方、植物の中にも、単なるエネルギーの流れではなく、それ相応の認識を持っている魂も、かなりの数います。

そういう魂は、大抵は植物の大元のエネルギー体、大元の魂です。

大元の魂にはそういう力があると言ってもいいでしょう。

そして、地球の植物の魂は、みんな大元の魂と繋がっています。

ですから、路傍の雑草であっても、必要があれば、大元の魂が一瞬でその場所に飛んで来ます。

それが、植物が地球の上ではみんな結びついているということの本来の意味なのです。

そういう意味で、私たちの中にも、命が宿っているということを知ってほしいと思います。

＊＊＊

私がスダジイから聞いた話は、以上である。

スダジイの話からわかることは、植物は、地球の生命エネルギーを人間に供給する媒体としての働きをしているということだ。

深い森が、そのための一種のエネルギースポットになっている。

地球のエネルギーを、私なりに表現すると、全ての存在をありのままに受け容れ、育み、生かそうとする、根源的な愛の思いである。

植物も、動物も、自らが作られたミッションを、それぞれの個性を通して一生懸命果たすことで、このエネルギーを表現している。

私は、人間も植物と同じように、この自然のエネルギーと一つになって生きることが、一番幸せな道だと思う。そのためには、スダジイが言うように、まずは、森のエネルギーを感じる感性を取り戻すことが必要なのではないだろうか。

その感覚がなければ、確かに、「頭の中で何を考えても、何も変わらない」のだろう。自分自身の力だけで生きられるかのように考えるのは、人間の思い上がりにすぎないのかもしれない。

2

植物と癒し

――自然にもいろいろな深さの段階がある

植物が持つ癒しの力を、心身の健康や病気予防に生かすことができる。これは何もスピリチュアルな話ではなく、森林浴で血圧や脈拍が下がることは科学的にも証明されている。日本全国に「森林セラピー基地」という、癒しの効果を利用する施設も作られている。

自然に触れることで心身がリフレッシュすることはもちろんである。森のフィトンチッドという言葉を聞いたことがあるだろう。これは、樹木が傷つけられたときに放射する揮発性物質で、殺菌力があり、森林浴をするとリラックスするのはそのためだ。

庭園美術館のヒマラヤスギ

どのくらいの癒しの効果があるのかということは、実際に、森に出かけて行って味わってみるのが一番いい。

フィトンチッドといっても、これは、樹木が作って放出する数多くの化合物の総称であって、実際に味わえる成分は植物によって違うからだ。ブレンドも、森ごとに違うのは当然である。

私自身がどういう木が好きかと尋ねられると答えに困るが、ブナなどの落葉系の広葉樹は一般に優しい感じがして好きである。

自宅の前の自然教育園には、同じく落葉広葉樹であるケヤキが何本も立っているが、ケヤキも春先になると枯れ枝が一斉に鮮やかな緑に変わり、何とも言えないみずみずしさに包まれていく。

樹木の波動で癒されるという意味では、ヒマラヤスギもいい。杉といっても本当は松の仲間だが、針葉樹であり、もちろん常緑樹である。

この木は明治になってから日本に入ってきた木で、アーユルヴェーダでは、病気を治すことができると言われており、香油はアロマテラピーに使われる。

自然教育園の隣にある庭園美術館の庭にはヒマラヤスギが何本かあるのだが、この木の下にいると、妙に気持ちが落ち着く。とてもいい雰囲気を醸し出す杉である。日本の普通の杉は、自己表現のエネルギーが強く、そばに近寄るとかえって落ち着かなくなるが、ヒマラヤスギはそういうことはない。なかなかいいキャラクターである。ヒマラヤスギは腐りにくいため、ニューヨークでは今でもこの木で作られた水のタンクをビルの上に設置して使っている。鉄のタンクよりも安価で、夏に水の温度が上がりにくく、冬は温かいのだそうだ。

そういう技術的なメリット以外に、ヒマラヤスギのタンクに水を入れておくことは、水の波動を整える効果もあるはずである。ヒマラヤスギの樹木の波動が水に入るからである。こういうものを日本で作ろうとすると、結構な値段がするだろう。ヒノキやヒバだと、もっと高級品になるかも知れない。

森林の中で癒されたいときは、どうしたらいいのだろう。

公園のような人工物に人を癒す力はない。また、本当の意味での自然を人間が作り出すのは簡単ではない。長い間の乱開発で、国土の多くの自然が失われてしまったのはまぎれもない事実で、そう簡単には元に戻らない。

その意味で、豊かな自然がそのまま残っている山林は、人間にとって理想的な場所でもあるので、大切にしないといけない。

そういう自然が残っているところは、生えている木だけでなく、土地の持つ雰囲気や、生態系全体が一つの生きている自然そのものであり、人間がその全体に触れて、意識を溶け込ませることで、本来の自分自身を取り戻していくのである。


自然とは一様なものではなくて、どこもすべて違う。

山や土地ごとに特性があるし、どういう樹木や草花が生えるかとか、昆虫や生き物のバランスなどの生態系そのものが、個性ある自然を作っているのである。

ディープネイチャーという言い方をすることもあるが、自然の深さも大事な要素であり、人工的な植生や、植林された樹木に比べると、天然の樹木には次元の違う力と迫力がある。

都会化されたライトネイチャーは、自然の癒しという意味では力が弱い。

これは、現代人が生活の利便性を追求するあまり、自然の持つ命の側面を軽視してきた結果、自然が形骸化しているところからきている。

舗装された道路がつき、車が頻繁に走っているところは、やはりエネルギーが弱い。人が踏み入ることが多ければ多いほど、自然が荒れてしまう。私たちが自然に触れることと、自然を守ることのバランスがうまくとられなければならない。

山の奥深くに入れば、次第に自然のエネルギーは強くなっていく。

森とはいっても、里山《さとやま》といわれるような都市近郊の山は、薪を切り出したり、山菜を採ったり、落ち葉を拾ったり、多かれ少なかれ生活のために人が入っている。それはそれで、自然の力とそこに住む人たちとの間で、長い間にバランスが取れているということである。

こういうレベルと、都会の手入れされた庭園とでは様子が違う。ディープネイチャー、ミドルネイチャー、ライトネイチャーと言ってもいいかもしれない。自然にもいろいろな段階があるということだ。

奥秩父などでも、人が住んでいるところ、その周辺で少し自然が深いところ、それから、山の奥に入ったところにある原生林のようなところでは、様子が違っている。

森林セラピーとなると、ミドルネイチャーくらいの領域を狙うことになるのであろう。

もちろん、体力や気力が十分な人であれば、自然の深層に触れるために、本格的な山歩きの態勢を整えて、深い山の中を歩いてみるのもいいだろう。

白神山地まで行かなくても、標高千メートルくらいまで山道を登れば、ブナの原生林が残っていたりする。低いところは、どうしても、植林された杉などになってしまうが、これは仕方のないことだろう。

ただ、セラピーという観点から見たときに、必ず自然の中に入っていかなければならないかというと、そうでもない。

例えば、一輪の花を部屋の中に活けただけでも、あるいは一枚の絵を飾るだけでも、その部屋の雰囲気や、エネルギーのバランスは一変する。

これは、美しい星空を眺めたときに何を感じるかということと同じで、私たち自身が、この宇宙の真理を垣間見ることができるか、ということである。

例えば、アスファルトの縁に咲く一輪のヒルガオの花を見ても、この世界の神秘を感じることはできる。禅でいう、握一点開無限《あくいってんかいむげん》といったところだろうか。小さな一点にみえるものも、大きな無限の広がりにあるものも、実は、変りがないということだ。もしゆとりがあるなら、たまには、美しい自然の中に出かけてゆくのはとても意味のあることである。

自然の不思議を感じることで、自分自身を見つめ直すこともできるだろう。野原に咲いている白いクローバーの花でも、葉の緑のみずみずしさと相まって、素晴らしい天国のような雰囲気を作り出してくれている。

一面に咲きほこる菜の花畑の黄色い菜の花にしても、ピンクの蓮華畑にしても、えも言われぬ姿である。こういうものがすべて偶然に存在しているということは、やはり考えられないことなのである。

それぞれの草が、それぞれに存在の意味があって生かされている。

私たち人間の方から見ると、そういう素晴らしい世界に共存することを許されているということでもある。

3

トマトのやる気、稲のやる気

――トマトが巨大化するのはなぜか

現代の日本に、ユニークな方法で植物を育てる仕事をされた方が二人おられる。一人は福岡正信さんで、禅の精神に基づく独自の自然農法を提唱して、海外の農業にも大きな影響を与えた。もう一人は、野澤重雄さんで、この方は、福岡さんとは対極的な、ハイポニカという科学的な水耕栽培法を使って、一本のトマトの木から一万七千個のトマトを収穫したことで有名になった。

二人の農業の方法論は正反対だが、生命へのアプローチの仕方には共通するものがある。両者ともに、日本の農業のコミュニティにあまり受け入れられていないのは、世の人には二人の言うことがよく理解できないからだろう。

福岡さんの自然農法では、十から二十種類くらいの種を混ぜて粘土で団子を作り、これ

水耕栽培で巨大化した稲

を蒔いて、あとは放っておく、というやり方をする。そうすると、蒔いた種の中からその土地に合うものが自然に育ってくるのだそうだ。文字通り、自然に任せるということである。

野澤さんのやり方はそれとは違い、極めて現代的で、水耕栽培の技術を使って植物の根に非常に有利な栄養環境を与える。そうすると、種が発芽する瞬間に、種自身が、その置かれている環境を認識して、その後の成長の仕方を変えていくのだそうだ。少なくとも、その時起こった現象を、野澤さんは、そういう風に理解したということである。

福岡さんにしても、野澤さんにしても、共通しているのは植物のほうに任せるというところだ。こういう考え方が、日本の学会や農業の現場に受け入れられなかった所以なのだろう。

現代の科学は意識や心といった目に見えない世界を切り捨ててしまうので、植物の自由意志に任せる農法を理解できないのは無理もないことかもしれない。

野澤さんのハイポニカでは、トマトを巨大化させるのがうまくいくときといかないときがあるようで、結構、失敗例もあると聞いた。

必ずしも理屈通りに植物が反応してくれない、つまり再現性がないという問題がある。

こういっても、もう少し具体的に言わないと何がなんだかわからないかもしれない。

水耕栽培というのは、水に肥料を溶かしてこれを根に循環させる育て方である。一般には、植物によって吸収する要素が違うので、肥料の組成をその植物に合わせたり、また、成長の段階ごとに変化させたりする。温室であれば炭酸ガスの濃度も変えるし、日光が足りなければランプで補う。

サラダ菜とか、廿日大根《はつか》とか、こういう環境条件に単純に反応するような植物であれば、まず、これでうまく育つ。しかし、トマトなどの場合は少し複雑で、うわものが生長しすぎると、根からの供給が間に合わなくなって実の質が落ちてくるので、わざと伸びを止めたり、つく実を制限したりする。

こういうことは、樹木の場合にもあって、上に伸びる芽を止めて、樹勢をコントロールする技術がある。りんごの場合だと、上の方に伸びすぎたら実をとりにくいということもある。樹勢のコントロールという点からは、盆栽はその最たるものである。

そこで、一般の農業をやっている人や、園芸をやっている人からすると、植物の自由にさせることには抵抗がある。

しかし、福岡流や野澤流は、そこをあえて植物に自由にさせる。その植物としては、自然に展開していったときに、生命エネルギーが最大になり、一段階違った展開もありうるからである。

ハイポニカでは、植物に必要な環境を十分に整える。そうなると、問題は、自由にさせたときに、その植物、トマトならトマトの側が、やる気になるかどうかということである。「自由にさせる」ということと、「自然に任せる」ということは、全く同じではないかもしれない。野澤流は自由にさせる、福岡流は自然に任せる、ということになる。自然に任せる場合は、必ずしも、個々の植物にとって、全くの自由にはならない。

植物同士のせめぎあいもあるかもしれないし、自然の環境からくる制約もある。寒いとか冷たいという気候とか、水が多いとか少ないとか、あるいは、乾燥しているとか高温であるとか、そういう条件の違いもある。そして、環境が過酷であると、枯れてしまうこともあり、逆に過酷さに打ち勝って、生き延びていくということもある。そういうときに、逆に生命エネルギーが増していくのだろう。

環境の変化は、その植物が、自分自身の根源的な存在に触れられるきっかけを与えているのかもしれない。あまりに長い期間にわたって変化のない環境に生きていると、そのままでは、新しい変化に適応する力が出せなくなるのだろう。それは人間でも同じである。

その意味で言うと、植物自身の目覚めが必要である。自分自身の何たるかを自覚しないといけないのだ。「トマトのやる気」というのは、その自覚のことで、福岡流の場合は、厳しい自然の摂理がその自覚を引き出すのだと思う。

野澤流では、種を自然ではあり得ないような快適な環境に置いて、「無限に大きくなっていいんだよ」というメッセージを与え、種自体の持つ潜在的なエネルギーを変化させる。

ただ、人間でも、裕福な家庭に生まれる方が魂修行のためには厳しい。自ら努力する経験をせずに大人になってしまうと、人生の困難が出てきたときに、それをはねのける強さがなくなるからである。ハイポニカで育った植物は、ある段階までは人生の困難には遭遇することはないが、それでも植物の種自身が、やる気を出さないと、大きくはなれないのだろう。

さて、野澤さんのトマトに触発され、そんなことを考えていたら、私も何か育ててみたくなった。しかし、大学の研究室にはトマトを育てるだけのスペースがないので、稲を育ててみることにした。

いろいろ試しているうちに、一粒の種から、五百本以上の茎が出るところまでいった。

五百本の茎というのは巨大であって、直径が三十センチくらいになる。稲とトマトは生態が違うので、単純に比較はできないが、普通には起こらないことではある。

実のところ、十年くらい経ってもう一度やってみた時は、うまくいかなかった。巨大化しなかったのである。その意味では、再現しなかった。

物理的な条件が全く同じではないので、何が原因であるかの結論は出せていないが、おそらく、稲がその気になってくれなかったのだろう。

実際、野澤さんの場合も、筑波科学万博でハイポニカのトマトの展示があった時は成功したのだが、万博終了後に、記念公園で温室を作ってそこにこのトマトの展示をしようとした時は、うまくいかなかった。成長がとまり、葉に勢いがなくなり、病気っぽくなり、あたかも魂が抜けてしまったような状況になったのだ。単純にある人がやればうまくいって、別の人がやるとうまくいかない、というだけのことではないようだ。

そういうことがあって、万博記念公園のトマトの温室展示は終わりになってしまった。こういう経験をしたのが、およそ三十年近く前のことである。

福岡さんにはお会いする機会がなかったが、野澤さんには何回かお会いする機会があった。大学の方にも来ていただいたし、私の方から野澤さんの会社に伺ったこともある。筑波万博の時に、ハイポニカのトマトプラントを現場で担当した技術者の方には、ずいぶんお世話になった。稲の栽培をスタートするときに、トマトの実験プラントを見せていただき、いろいろな助言をしてもらったのだ。何しろ、水耕栽培などやったことがなかったので、プラントの水漏れの止め方とか、室内でやる場合の照明は何がいいかとか、多くのことを教えていただいた。

当時の野澤さんは、ハイポニカの技術的な面よりも、植物の神秘的な側面をよりアピールされていたので、これについていけなくなった人たちもいたかもしれない。逆に、神秘的側面のみに関心のある人が、水耕栽培を安易に始めても難しい面があったことも事実である。

農業の現場では、いまでも、ハイポニカの手法で、トマトなどをうまく栽培しておられる方ももちろんいる。

話が込み入ってくるが、では、ハイポニカという手法の水耕栽培でないと、トマトの木が巨大化していかないかというと、そういうわけでもないのである。

野澤さんがハイポニカのトマトを発表した後に、土でトマトを栽培して巨大化させたという人がでてきた。相当凝った有機栽培の方法だが、有機栽培には有機栽培としての力があるということでもある。

トマトの側からすると、一度、ハイポニカのトマトのような形態の展開がこの世界で起こると、それが実績として生命エネルギーの中に残るのではないかと思う。二回目は、一回目ほど難しくはないのだろう。

他の水耕栽培でも、トマトの自由意思を尊重するような育て方をすれば、同じようなことが起こる可能性は高いと思う。もちろん、うまくいかない可能性もあるが。

当時、私はまだ、植物と話ができるような状態ではなかった。

ある時、とても大きくなった稲の株を、もうこれ以上は育て続けられないということになり、水から抜いてしまわないといけない日がやってきた。私自身が、それ以上、大学の研究室で稲を育て続けるのは無理だったからである。専門も違ったし、お金もかかった。

稲には、いろいろな姿を見せてくれたことについて感謝し、そして、ごめんね、と謝って引き抜いたのである。わが子を見殺しにするような気さえして心が残ったが、仕方がなかった。

しかし、人間でなくても、稲だって魂があるし、魂は生き続けるはずだとそのときは信じていた。今は、信じるという段階ではない。そうだということがはっきりと分っているから、信じる必要はないのである。

そんなことを思い出しながら、この文章を書いていたら、突然、「こんにちは、おひさしぶりですね」と、あの時の稲の精が語りかけてきた。私には、姿は見えないのだが、そういう思いが心のなかから浮き上がってきたのである。

「あのときは、とても楽しかったです。あなたのもとで、とても面白い経験ができました。感謝しています。いろいろな経験ができたことを、とても誇りに思っています」と言ってくれているような気がした。

そういえば、あれからずっと、あの稲とあの時は話ができなかったというのが心残りだったので、「そうだね。ぼくのほうこそ、感謝しているよ。」と、久しぶりの再会に、思わず涙が流れた。

結局、そういうことなのだ。植物の方の協力がないと、人間の力だけでは、何も起こらないのである。

4 植物の適応

――植物は環境の中で自らを変えていく

本来の自然は、長い時間の流れの中で、多様な動植物が一つの相として群生するエネルギー圏を作っており、こういうことがうまくいっているエリアの植物群は、全体が集団として強くなる。

高尾山は、東京近郊でそういう深い自然が残っている数少ない場所の一つである。6号路のアプローチ付近には、植林されたと思《おぼ》しき杉林が続くが、登っていくにしたがって、そういうものは消えて、天然林が中心になってくる。

天然林か植林かは、一目見ればわかる。植林された樹林は、何とも言えない淋しさのような雰囲気が漂っている。一般に木が細く、間隔が狭くて、本数が多い。

これに比べると、天然林の木は一本一本に個性を感じる。時間が経っていて、相当な太

高尾山6号路

さになっているということもあるが、風格がある。

こういう木が、絶妙な間隔とか配置で生えており、不規則さの中に、ひとつの配置の美しさを感じる。自然のなせる芸術と言っていいかもしれない。

多少科学的な言葉を使うなら、そういう配置になった時に、エネルギーのバランスが最も調和され、杉自らも、また周りの樹木も、全体の力が極大化される。そういうことが、長い時間の流れの中の自然の営みで成立したということであろうか。

植林するときに、キャンバスに絵を描くように、いろいろな木を絶妙なバランスで配置することができればよいのかも知れないが、自然の場合には、同じ山あいのなかでも、その場その場の状況が異なっている。

どの植物にとってどこがもっとも適切な場所であるのかは植物たちに任せるしかないが、ここが難しいところなのではないか。

前にも述べた福岡正信さんの不耕起農法では、十種類とか二十種類とかの種を混ぜて粘土団子を作って畑に撒くと、必要なところで必要なものが芽を出すという。

調和した植生を人為的に作るには、植物の側に任せるということがとても理に適ったやり方なのかもしれない。

植物の側に、全体と個を調和させる能力が埋め込まれているということなのだろう。個体としての植生もそうであるし、種としての植生についてもそうである気がする。

個体としての変化についていえば、高尾山のように自然の深いところでは、杉の木も、人工の植林でできた杉林とは何かが違っている。その場にどこかしっとりとなじんでいる。まっすぐにぐんぐん伸びていく杉のような木と、柔らかい枝を張る広葉樹では、性格も生き方も相当に違うはずだが、両方が一緒にいると、お互いのエネルギーが影響を与え合い、ひとつの時空間の中で融合していくようである。

スギならスギとしての猛々しさがなくなっていき、また、他の広葉樹たちも、杉から太陽に向かって伸びていく強い陽《よう》のエネルギーを受け取ることで、強さが出てくる。もしかすると、魂や霊体のレベルでの融合が起きているのかもしれない。

高尾山には、杉や広葉樹だけではなくて、いろいろな低木や、つる系の植物やシダも生えているし、シャガなどの花も咲いていて、ひとつのエネルギー空間ができている。

例えはよくないが、ウイスキーのブレンドみたいなことが生命の世界で起きているのだろう。

そういう中で、場所の持つ雰囲気や植物の個性の糸がおりなされて個別具体的な自然環境が作られていく。

こういうものは、場所によって二つと同じものがない。植物たちの組み合わせも異なるので、別の山に行けば、そこには、また別の世界が展開している。

植物は、個体としてだけでなく、種としても、場所との関係で変わっていく。

例えば、樫にしても、楢にしても、それぞれの木が、それぞれの生えている場所に、長い時間の間に適応していって、その木としての表現型を変えていくのである。

木の場合は分りにくいが、米の場合は、同じ品種の種であっても、別の場所に持って行って育てると、その風土に応じて、全く違った品種のようになってしまうことはよく知られている。

杉やヒノキは、常緑の針葉樹で、種としては仲間である。杉といっても、ヒマラヤスギもあるし、シベリアスギもある。ちなみに、ヒマラヤスギは、厳密には、松の仲間である。日本だと、屋久杉もある。アメリカだと、オレゴン杉は有名である。

こういう場合、元々は同じ魂であったものが、生活する場所の風土によって姿形や気質までも変えているということなのではないだろうか。

植物は、何万年とか何十万年くらいのスケールでみれば、自分の生命体としての姿を環境に適応させて生き続けてきているので、長い時間の流れの中で、どう自分自身を表現するかによって、その姿が違ったものへと変わるということは十分考えられると思う。

単純に、ランダムな変化が起こり、環境に適合するものが生き残ったというだけではないように思うのである。

5 ディープネイチャーとライトネイチャー

――原生林は地球のエネルギーの緩衝帯である

山に登るときに、最も大事なのは水である。エネルギー源も必要だが、水が無くなると命にかかわる。水は軽くすることができないので、一定の負担になるが、いつも、400ccくらいは予備の水を持つようにしている。

体温の上昇を抑えるにはかいた汗を蒸発させる必要があるが、こういうところは最近のハイテクのウエアはよくできている。しかし、ハイテクでカバーできないのは、自分の体力の範囲で持ち運べるものを持って歩き続けられるかというところである。自然の中に入るとは、そういうことなのである。

我々は無意識に生活の中で科学文明の恩恵を受けて生きているが、一度山に入ると下りるまでは自分の力で歩き続けるしかないので、この身一つになった時にどう生きるかを思い知らされることになる。

そういう体験をすると、水がどれほど大事かということがわかる。

一度、高尾山から下山するとき、変な思い込みをしていて、5号路を下り始めてしまったことがあった。かなり下りてから変だなあと気が付き、地形図を調べてみたら、高尾山から奥高尾のほうに向かっていることが分かった。

そのままそちらに向かっても下りられないわけではなかったが、その時は安全をみて引き返すことにした。間の悪いことに、その時水を持っていなかった。

それまで下山の時はほとんど水を飲むことがなかったので、油断していたというか、甘く見ていた。そういう状態で引き返すということは、高尾山に向かってもう一度登ることだ。高度をまたかなり稼がないといけないということであり、これは、相当に消耗する。そんなに致命的ではなかったが、やはり、心理的には大変な負担であった。

何が起こるかわからないということである。一人で歩いているわけだし、人通りが多いわけでもないので常にリスクはある。高尾山の場合スマホの電波は届くが、電池が切れてしまうリスクはある。それ以来、いつも飲む水以外の非常用の水と、非常食と、スマホの充電用電池は必ず持つようにしている。地図と磁石も重要である。

山歩きをするとき、人間にとって水は命綱であるが、植物にはどうかというと、これは、生命線そのものである。

高尾山の場合水は豊富であって、かなりの原生林が保たれているので、保水性は良いと思われるが、生えている木や草の方から見ると、体を動かすことはできないので、基本的に受け身であり、与えられる水の中で生きていくしかない。

年間を通すと、雨の多い時期もあるし、乾燥した時期もある。雪も降る。原生林は、いろいろな植物が光や水や養分を奪い合うので、生活環境としては、ぎりぎりのせめぎあいということになる。

原生林の調和は、そういう過酷な状況から生まれる。いろいろな力が重なり合って、バランスが保たれているのであって、なんとなくみんなで手をつないでいる、というわけではない。

自然の摂理の中で発生するこのバランスが、何とも言えない美しい光を醸し出すのだ。森の生態系の持つ調和のとれた姿は、落ち着きのある、安定感のある、穏やかなエネルギーに満ちている。

高尾山の自然

森の中では樹木の保水性がいろいろなレベルで重層的に働くので、例えば、結構な雨が降っていても傘をさす必要があまりない。

雨粒が直接は落ちてこず、多少濡れるには濡れるが、大部分は、まずは、樹木の葉が受け止めてくれる。太陽光も葉によって受け止められて、木洩れ日という間接光になるが、雨も大部分を樹木が受け止めてくれるのである。

これが少しずつ地面の方に落ちてきて、落ち葉の中に吸収され、土の中に入っていく。全体に、太陽の直射日光が届かない分、気温も低めで、水が蒸発していく分もわずかであり、水はそのまま、山の中に保持されるのである。

木がない砂漠のようなところであれば、あっという間に、水は水蒸気になり、飛んで行ってしまう。

それにしても、水というのは不思議な物質である。神秘的でさえある。

実のところ、現代の科学でも、水の性質は分っているようで分っていない。何か当たり前のような物質でありながら、当たり前でないのが水なのだ。水の構造的なふるまいは、いまだに科学の世界でとらえきれておらず、水のクラスターなどいろいろの仮説があるが、的確な測定はできていないのが現状である。

本気で水の研究にだけのめり込むと、研究者生命を失うという伝説さえある世界である。科学者ではないが、江本勝さんという方が面白い実験をされていて、それは、いろいろな状況におかれた水から作られた雪の結晶の観察である。それらの結晶は、見事なまでに異なる姿を見せてくれており、とても興味深い。

雪の結晶が出来るときは、もちろん、自己組織的に結晶が構成されていくが、このとき個々の水の分子がもつ微妙なエネルギーの差が、最終的な結晶の構造に反映したということはありうることだ。

目に見えない世界の情報を写し出す鏡には客観的なものがほとんど存在しないのだが、この雪の結晶の話は、非常に興味深いものだと思っている。

話が脱線したが、そもそも、こうして植物によって作られる原生林は、私たち人間の生存とどのように関わっているのだろうか。

都会の中の自然は、深い自然、ディープネイチャーからすると、どうしてもその自然性が薄いところがある。それは、人間が生存するための一つの緩衝帯を作っているということとを意味する。

これは、惑星としての地球のエネルギーを、私たちがどのように体感できるかを想像してみればわかる。

人間が実際に生きていくときには、この地球という星が元々持つダイナミズムの幅が大きすぎて、ある時には厳しすぎ、ある時には過酷でありすぎるのである。

そのものすごい激しさを表現する星のエネルギーを、山とか海とかの上でまず受け止めてくれるのが植物たちであるということだ。

そして、この植物界にも、深みにおいて、いろいろなレベルがある。その植物のエネルギーが最も深く調和した場所が原生林なのである。

こういう地球という星が出すエネルギーの観点から考えてみると、いろいろなことが理解できるはずである。


例えば、山全体が一つの霊域になるような深い自然があるところでは、個々の木や花の霊を超えて、その山全体の霊がその山を守っていることもある。

高尾山にも、もちろん、山の精霊、自然霊というような方がおられる。

高尾山は、東京からのアプローチが簡単であるという利点がある割には自然が深い。これは、この山独特の、強いエネルギー磁場からきているところもあって、決して、のほほんとした山ではないということである。

何か、エネルギーを凝集した、きちっとした、引き締まった感じがある。おそらくは、この山を守っている精霊の方が強いのであろう。

大都会東京のすぐ西にあって、富士山のすそ野のふちにひとつのエネルギーの極を立てて、東京の磁場を調整する中継基地のような役割を果たしている。

秩父とか奥多摩のような山々の前衛として、ここが崩れれば、あらゆるものが瓦解しかねない立ち位置にある。自然界と人間界との境に位置しているということでもある。

こうして、日本の所々に配置された深い森の存在が、目には見えない一つのエネルギーの流れを作って、里山のミドルネイチャーや、都会のライトネイチャーを支えているわけである。

6 不忍池のハス

――土地の磁場を浄化する陰のエネルギー

7月上旬のある日、ハスの精に会うために上野の不忍池を訪れた。地下鉄の上野広小路からしばらく歩くと不忍池の入り口があり、入ってすぐの池畔には、ハスを観察するために作られたデッキがある。日差しが強かったので、野外音楽堂の裏手の木陰から、一面ハスの葉で覆われた蓮池を眺めることにした。はるか遠くに弁天堂が見える。

早速ハスのエネルギーにタッチしてみる。少し深呼吸して、その場にある緑のイメージの中に入っていくと、思いの外いい感じであった。上野は、池袋や新宿と同じく商業ビルが立ち並ぶ繁華街であるから、もっと苦しい状況かと思っていたのだが。

しばらくすると、ハスの精からメッセージが送られてきた。

不忍池のハス

＊＊＊

こんにちは、およびいただけて光栄です。私は、不忍池の蓮の精でございます。

今日は、暑い中をありがとうございました。あなたがいらっしゃるのをお待ちしていました。

いかがだったでしょうか。

私どもは、この不忍の池のような、沼地に好んで生息しております。

これだけ大きく育っていけるのは、やはり、太陽の恵みと、そして、この水ですね、水の恵みが大きく関係しています。

今年のように、雨が少なく、暑い日が続くときでも、水があれば、太陽の光をいっぱい浴びて、大きく葉を広げて生長してゆきます。

そして、蓮はこのように群生することによって、力を発揮する植物です。

蓮は、地下茎でつながっておりまして、この不忍の池は、生き物としても、一つの生命体、蓮のエネルギー体として仕事をしております。

私どもの一番大きな仕事は、この地の浄化、いろいろな点での汚れを浄化していく仕事です。

これは、植物が一般に持っている力でありますが、蓮は、この浄化の力がとても強いのです。

浄化には、水の浄化と、エネルギーの浄化という、二つの意味合いがあります。

泥沼に生きる植物というと、人間の方々は、汚いものを清らかなものに変える存在のように思われるかも知れないですけれども、泥沼は、植物にとっては、生命の育っていくゆりかごであって、決して汚いものではありません。

人間から見たら汚れであっても、それらを自らの栄養源として使うことで、水を浄化していきます。

エネルギーの浄化という意味では、人間の、このような都会に発生する、いろいろなレベルの汚れ、くすみ、そういうものを、吸収する仕事をしています。

あなた方の知っている花の中では、例えば、菜の花とか、ひまわりとか、そういう花は、陽のエネルギーを出しているのですが、私どものような蓮であれば、陰のエネルギーですね、汚れを吸って、浄化していく、そういうエネルギーを出しています。

それも、群生もあるレベルを超えると、急激に力が増していく集団としての効果があります。

こういう比較的大きな池で私どもの生命体のエネルギーを展開していける機会をいただいていることは、一つの大きなチャンスでもあります。

やるべきことをやって行かなければと、大きな使命感を感じているところです。

ですから、この池自身が、今はパワースポットの一つとして働いているといってもいいかもしれません。一つには、この土地の磁場もありますが、特に水場としての磁場があります。

大地を流れる水も、蓄えられた水も、本来は、それぞれが、神聖な場所です。

生命の母なる源である海にも、浄化という役割があります。

そういう水場に生きる植物には、本来そういう植物の役割があるのです。

ですから、蓮がある池に広がっていくということは、単に群生している以上の意味をも持っているということになるでしょうか。

何かお聞きになりたいことはあるでしょうか。

ハスの花は朝開いて昼には閉じ、三日しか咲かないそうですが、蓮の花がそのように咲く意味は何なのでしょうか？

蓮は、花を咲かせるときも、独特の咲かせ方があります。それは、非常に短い間だけ花を開くということですが、そのわずかな間に、花を咲かせるエネルギーを集約させます。あなたの机の上にいるツユクサでも、朝、一度花が開くと、数時間で花は閉じてしまいますね。

そういう風に、花を長く開かせているのではなくて、一瞬だけ、花を開かせるというやり方を、一つの生き方としているということです。そういう風に花を咲かせることで生き方をも表現しているわけです。すべての花の咲き方が同じでは、つまらないでしょう。蓮には、蓮の生き方があるということです。

それを見た方々が、何を感じるのかということですが、それが多くの方に感銘を与えることができるなら、それはそれとして、その生き方を与えてくださった、神に感謝するということでございます。

＊＊＊

不忍池は、江戸時代からハスの名所であるが、この地にハスを群生させて、ハスのエネルギーを集めるという何かの力が働いているのだろう。ここの磁場がハスによって守られているのである。

普通の都会の公園では、生えている木が孤立していて、植物同士の連携が弱いために、原生林のような一つの生命圏にはなっていかないのだが、この池では全面に広がったハスの地下茎が緊密に絡み合って、一つになっている。それが生命体のエネルギーを大きくするのにとても効率がいいのである。

ハスの池は、ネガティブなものを吸収して浄化する力が非常に強い。不忍池のような大きなものでなくとも、この四分の一でも五分の一でもいいから、公園の一角にあるとそこの磁場が全然違ってくるはずである。

都会の中に原生林となっているようなこんもりとした森を残すことも大事であるが、ハスの群生する場所を作ることもその土地のエネルギーのバランスの調整という点で大切なことだと思う。

7 屋久島探訪記

――生命の神秘を表現する古代杉

屋久島に来ようと思ったのは、漠然とこの島に行かなければという衝動に駆られたからである。屋久島の杉の精に、ぜひ来てほしいと呼ばれたのかもしれない。

だが、有名な縄文杉まで行くコースは、体を酷使しそうで少し不安があった。朝4時起きして、早朝から山に入り、6時には歩き出して、夕方に下山するという、相当なハードスケジュールだ。

若いころは、多少山歩きはしていたが、このところは、とんと行っていない。靴から調達しないといけない状況で、ツアーに申し込んでから準備を始めることになった。

もともと体力に自信はあるが、それなりの歳でもあるので、まず足慣らしのため高尾山

屋久島の縄文杉

に登ることにし、１ヶ月で合計7回登った。

高尾山は、登山口から頂上までの標高差は約四百メートルであり、往復三時間で降りてこられるが、縄文杉のコースは登山口からの標高差七百メートルで、水平距離もあり往復十時間かかる。体力的には相当きついことは間違いない。

いろいろ調べると、六月中旬のこの時期は、屋久島でも最も雨の多い時期であることが分ってきた。


一か月はあっという間に過ぎた。六月十九日の火曜日の午後、屋久島に到着した。羽田から飛行機で鹿児島まで飛び、そこから高速船で宮之浦まで行ったが、熱帯のジャングルかと思うほど異様に蒸し暑かった。気温28℃で湿度85％。島の方に聞いたところでは、台風が過ぎた後は特に蒸すのだそうである。

聞けば翌日はかなり高い確率で雨になるようだ。雨の中の登山は初めてだが、プロのガイドさんがアシストしてくれるので、細かいことは任せるしかない。朝の四時四十分にホテルでピックアップされるので、とにかく朝早く起きなくてはならない。

当日の朝。

一緒に行くのは、三十代くらいの若い女性二人で、彼女たちは、普段から一緒に山歩きをしている仲間のようだった。

小雨交じりの中、ガイドさんの車で屋久杉自然館まで行き、そこから荒川登山口まで専用のシャトルバスで移動した。登山口に着いたころには、あたりは明るくなっていた。そこで朝ご飯のお弁当を食べ、装備をチェックし、いよいよ登ることになった。

縄文杉コースは、二つの部分からなっており、前半の三時間は、長いトロッコ道を歩く。後半の三時間は、急な山道を登る。前半は、傾斜は緩いが距離がある。トロッコ道とは、昔、木材を運び出すトロッコが通っていた線路で、今は、その中に木材が敷いてあり、遊歩道のようになっている。この細い道を延々歩くのだ。

一見、歩きやすそうだが、油断していると危ないと、ガイドさんから注意があった。この木の歩道に集中していないでよそ見をしながら歩くと、足が歩道から外れてしまい、転倒する危険があるというのだ。過去、転んで線路に手をついて、指の骨を骨折した人もいたらしい。確かに、木の歩道の部分から、足を踏み外すとかなり危なそうな感じだった。

下はレインウエアのパンツをはいて、上はTシャツといういでたちで、傘をさしながら歩き始めた。

ところが、入山後すぐに雨があがった。三千メートル級の夏山に登って、稜線を縦走しているときに感じるような、涼しいそよ風が吹いて、まるで、山の神様が歓迎してくれているようだった。ガイドさんも、不思議がっていた。

心なしか、湿度も下がった感じで、絶好のコンディションに変わってしまった。

トロッコ道を登りながら、ガイドさんがいろいろ説明してくれたが、要するに、私の予想に反して、屋久島は自然環境が厳しいらしいのだ。

それは主に地形と気候によるもので、島の中心部が高い山になっていて、雨がすごく多く、風も強い。雨が多いと、大量の水が流れ、土の中の栄養分を洗い流してしまう。

そのため土壌は肥沃にならず、植物は栄養不足になる。このため、この島の杉は、本土の杉と比べると、成長するのに三倍以上の時間がかかるそうで、そういう環境の中で生き延びるために、必死で養分を体の中に蓄えようとする。

その結果、比重が大きくなり、この地の杉は、水に沈んでしまうほど重いのだそうである。

ガイドさんからそういう話を聞いているうちに、なにかピンとくるものがあって、ああ、これが屋久島なのだと納得した。屋久島は、思いのほか、自然が厳しいところなのだ。

トロッコ道の中程あたりに、三代杉という面白い杉が生えている。他の古木は登山道の後半にならないと出会えないが、この杉だけは山の下の方にある。この杉の特徴は、最初の杉が枯れて倒れたあとに、次の杉が生え、その杉も倒れて、いま生えている杉は三代目であるということだ。

初代の杉の種から芽が出たのか、それとも全く違った杉の種がこの場所に根付いたのかは明らかでないが、私には、杉の魂は同じであるように思えた。

この杉のエネルギーにタッチしてみたが、確かにものすごく強いエネルギーが出ていた。縄文杉や大王杉のように、一代の杉として長く生きる杉もあるが、同じ魂が次々と新しい杉に宿るような杉もあるということかも知れない。

三時間歩いたトロッコ道がついに終わり、一休みしてから、いよいよ山道に入ることになった。この時点で、朝の九時。ここから傾斜が一気に急になった。高度で言うと、この地点から縄文杉までは四百メートルある。そこまで三時間で辿りつかなければならない。これはやばい、登るだけで体力を使い果たしてしまいそうだ、と思った。

天候は依然良好で快適だった。山道といっても、道は整備されていて、木組みの階段が多い。トロッコ道もそうだが、こういう木組みの階段は、自然な土の上を歩くときと比べて、逆に体力を使う。土には独特の弾力があるが、木の歩道や階段には弾力がなく、足に負担がかかる。特に階段は、歩幅のコントロールができないので疲れやすくなる。それに耐えながら登ったため、結構きつかった。

同じグループの女性たちは、さすがに山歩きに慣れているようで、一向にペースが落ちなかった。そういう中を頑張って登って、大王杉の直前のところで、早めの昼食をとった。このころになって、多少雨が混じるようになった。昼食の時は、ガイドさんがビニールシートで雨よけを作ってくれ、お湯を沸かしてみそ汁とお茶をいれてくれた。疲れが出はじめていたころであり、これはおいしかった。

ここからいよいよ、大王杉と縄文杉へのアプローチである。

以前は、縄文杉の方が古いと言われていたようだが、最近の放射性同位元素の年代測定だと、縄文杉より大王杉の方が古いということになっている。

縄文杉は、展望台があって、そこから見るようになっているが、大王杉の方は、山道から見上げるようになっている。いずれにしても、木までの距離は、両方ともに、二十メートル以上あるように思えた。

それにしても、大王杉を見に来たのに、ガイドさんが止まって指さしてくれなかったら、気がつかないで通り過ぎていたかもしれなかった。

山道は、基本的に、自分の足元ばかり見て、体力の限界を感じながら歩き続けているので、はっきり言って周りを見ていない。落ち着いて、気をつけて見れば、看板が立っているが、それを見落とせば、そのまま先に行ってしまうかもしれなかった。それほど、歩くことに集中していたのだ。

こういう杉の古木は、幹が単に太いだけではなくて、樹形も違う。単純にまっすぐ天に向かって伸びているわけではない。森の主のように存在感があって、複雑な表情をしている。

若い杉の木と比べると、杉そのものの性質が全然違う印象を受ける。まず、ツンツンし

屋久島の大王杉

たところがない。それと不思議なことに、この一帯の杉の古木があるところでは、数としては広葉樹の方が優勢である。

杉が林立しているような感じではなく、多くの種類の広葉樹林全体の中に杉の古木が埋もれている、そんな風情なのである。確かに、何本もの杉の古木が接近して存在するのは、どこか無理がある感じがする。杉の古木が、それぞれに自分の勢力圏を持っているようである。

縄文杉の展望デッキでしばらく休んでから下ることになった。展望デッキに着いたのが十二時前だったので、昼食も含めて、三時間弱で登ったことになる。

このころから、雨が激しくなり始め、風も強くなった。登りとはうって変わった天気で、まるで、屋久島は、本当はこんな感じのところだと教えてくれている気がした。もっとも、山登りでは、お昼を過ぎると天候が変わるのは常識であり、驚くにはあたらない。

木立の間を切る風の音で、風の強さがわかる。これが屋久島の自然なのだろう。

結構なハイペースでトロッコ道まで下りた。この時点で一時過ぎであった。トイレと水の補給をして、下りに入る。登るときは、雨具はパンツだけにして、上は、基本、Ｔシャツのみだったが、汗をかいた体が冷えるのを防ぐのと、手を空ける意味で、下りは雨具の上のジャケットも着た。下りでは汗はかかなかったので、ちょうどいい感じだった。

トロッコ道は、もともと距離があって、勾配が緩いこともあり、下りでも結構時間はかかる。ただ、トロッコ道に入ってからは、風は止んだ。山の上と下では、気象が違うようだ。雨がしとしと落ちる中をひたすら歩き、やっと登山口に到着した。午後三時半前だった。足は棒のようである。みんなで万歳三唱！　ものすごくきつかったが、屋久島の神秘の一端にふれる一日となった。

さて、その後、ホテルに戻り、風呂に入って、ロビーでゆっくりくつろいでいると、突然、屋久島の精霊からメッセージが送られてきた。

＊＊＊

今日は、ご苦労様でした。あなたが、おいでになるのをお待ちしておりました。私は、屋久島の、この島を守る精霊の長であります。

この島は、日本国の中でも、特別に使命を与えられておりまして、それは、自然の表現において、他のところではなしえないことをやるということです。

今日、あなたが、この島の奥地に入ってきて、何を感じられたでしょうか。我々は、じっとあなた方を見守っておりました。

この島は南の方の島なので、何か温かく、杉にしても大きく育つ環境であると思っていらっしゃったでしょうか。

ガイドの男性の方も言われていましたが、実は、この島の物理的環境は、非常に厳しいものがあるのです。

風が強く、雨が多い。地形的なことがあって、雨が多いと、水が流れ、水が非常に多い環境は、土の中の栄養素がたちどころに流されてしまい、土は肥沃というより、痩せております。また、風が強いことは、植物が生きていくには、非常に厳しい環境なのです。

それ故に、杉も、日本の他の地域であれば、三十年もすれば成木になりますが、ここでは、三倍以上の時間がかかります。このために、杉に限らず、この地の樹木はたやすくは育たないのです。

そこで、もう一度よく考えていただきたいのですが、そういう厳しい環境があると、どうなるかということです。

植物はうまく育つことができず、土地そのものが荒れた痩せた土地になってしまいます。しかるに、この屋久島では、ここまで、自然が栄えている。それも屋久杉をはじめとして、普通ではないところまでの生きざまを見せているということなのですね。

これが何を意味するかということです。それは、我々の働きがあって、自然環境が特に厳しいところの一角を選んで、そこに、いままでにはなかったものを出していくことで、生命の中にある神秘を表現していくということであります。


今、何本か残っている杉の古木の中に、何を見るかということですね。

樹齢が何千年という杉が存在しています。形そのものも、とても面白い形をしておりますが、そういう形は、何千年も生きている間に、次第に出来上がった形であると同時に、いわゆる杉の本来の形とは、また違った形へと変化しております。

杉は、特に日本の杉やアメリカの杉は、天を突くように、まっすぐ上に伸びていく性質があり、天のエネルギーと、地のエネルギーを融合させていくような力を持っているのですけれども、この杉が、千年、二千年と生き続け、その胴囲が大きくなってくると、樹木というのは、上と外には拡がれるが、中心は詰まっていて、行くところがないために、、単純に胴囲を増やしていくことができなくなります。それと、中心部分の新陳代謝がうまくいかなくなり、中心部分が朽ち果てることも起こります。

しかし、一定の形と大きさになった大杉がどこまで成長をつづけることができるのかは、その杉の持っている寿命のエネルギーと関係するのであって、偶然に芯の部分が腐らなかったので、生き延びることができたということではありません。

三代杉という杉がおりますが、この杉の場合には、初代の杉が枯れて倒れたあとに、別の杉の種が芽を出し、その二代目の杉もやがて枯れて倒れ、また別の杉の種が芽を出して、今の杉になっています。

この杉ものすごいパワーを出していますが、二代目、三代目の杉というのが、どういう杉なのか気になるかもしれませんね。一代目の木が枯れたときに、どういう状態だったかということを、もう少し詳しくみてみることが必要です。

まず、枯れて倒れること自体が、寿命のエネルギーの枯渇を意味しています。しかし、植物の場合、人間でも同じですが、これ以上、体を永らえることはできません。では、どうするかということになりますが、それは、生まれなおせばいいということです。

地上の生命体として、同じ遺伝子を受け継ぐということが大事かというと、それは、体というものにこだわりがあって、どうしても同じ自分の遺伝子をもつ体自体が自分自身であるかのような錯覚に陥っているだけなのです。問題は、魂なのです。

新しい自分の体をクローンで作ったとしても、別の魂が宿れば、それは自分自身ではないでしょう。

植物の場合でも、もちろん、種をつくり、そこから、次の体を作っていきますが、それが自分自身の種なのか、他の木の種なのかということもありますけれども、ひとつの杉の木が千年単位で生きていったときに、どうするかですね。

もっと生きて、縄文杉とか大王杉のように自分自身を表現していく道もあります。しかし、ここで、そのときの自分の体である木としての形は終わりにして、種から出発して、また杉というものを表現していく。それも、もとの朽ち果てた姿の上に、それを作っていくという道も、方法論の一つとしてあるということです。

ここの杉たちは、杉の霊として高度に進んだものたちですので、三代杉は、そういう意味で体を交換しながら生きてきた、杉の霊が、バックにいるということです。

この島は、杉の精霊たちで満ちております。そして、生半可な、中途半端な好奇心で近づく人間たちには、辟易としているということも、残念ながらあるのです。やはり、人間であれば、人間の想念が渦巻きますし、その波動には、やはり、ネガティブなものもあり、迷惑な存在なのです。

その浄化の意味もあって、昨日は、あなたが縄文杉の霊のところまで行かれて、タッチされた後、山をすこし嵐にさせていただきました。そういうことをも含めて、ともに、この屋久島の天候、気象というものを、あなたに、多少なりとも、ご体験いただければと思いました。いかがでしたでしょうか。


自然の中にあるダイナミクスというか、いろいろな面を実際に見ることができて、とてもよかったと思っています。嵐というほどではないですが、やはり、強い風にはエネルギーを感じます。そういう意味で、醍醐味を味わわせていただきました。

私どもの生きざまが、少しでも参考になればと思います。今回は、どうもご苦労さまでございました。私の方から、お礼を申し上げます。

どうも、ありがとう。やはり、屋久島は神秘的なところでした。来ることができて、とてもよかったです。これからも、頑張ってください。また、来たいものです。

また、ぜひ、お越しください。お待ちしております。それでは、今日は、これで失礼します。屋久島の杉の精霊たちを代表して。

＊＊＊

一ヶ月ほど前、漠然としたうずきを感じて屋久島に来ることになったのだが、やはり、精霊たちから呼ばれていたようだ。

それにしても屋久島の精霊は私たちに何を伝えたかったのだろうか。

屋久島の自然は、スピリチュアル好きな人の興味をそそる。石垣島の近くにはムー文明の名残である海底遺跡があるし、写真を撮ればたくさんのオーブが写ったりもする。

しかし、彼らが一番理解して欲しいことは、そういう表面的なことではなく、本当は彼らの生きざまなのではないか。

植物が自然環境を作り出しているからこそ、人は生きていける。自然は、何もしないで豊かに繁栄するようなものではない。明らかに、植物たちの意思があって、しかも自分が自然環境を生み出すのだという強い思いがあって、豊かな自然が創られて、守られているのだ。

彼らの思いと、厳しい生きざまがなければ、屋久島のような、人間が畏敬の念を感じるほどの立派な自然環境はありえないということなのだ。

植物は己の努力を評価してもらおうとは思ってはいない。ただ無心に生きている。しかし、人間の方がそういう彼らの営みを理解し、認めてあげることができたならば、彼らもまた嬉しいのである。

自然から愛をもらう一方ではなく、感謝の思いで、自然の側に愛のエネルギーをお返しできるような人類になっていきたいものである。

8

青森ヒバ

――極寒に耐えるからこそ生まれる強い生命力

本州の最北端である津軽半島に、貴重な自然林がある。青森のヒバと、白神山地のブナである。白神山地は、世界遺産になっている。

ヒバは、日本各地で様々に呼び方が異なり、正式にはアスナロというが、青森のあたりではヒバと呼ばれている。

実はヒノキの仲間で、殺菌、防虫作用が高く、腐らないのが特徴である。八百年くらい前に倒れて水没していたヒバを、最近引き上げてみたらまだ腐っていなかったという逸話があるくらいである。この点では、随一無二の力を持つ木とも言えるだろう。

アスナロという名の由来について、ヒノキになりたいけどもなれなかった木が、明日は

オドリヒバ

ヒノキになりたいと一生懸命思っているのでアスナロという名前がついたという話が井上靖の小説に出てくる。ヒノキもヒバも見た目はよく似ているが、ヒノキの方がヒバよりも高貴な感じがするからかもしれない。

学術的には、アスナロの変種にヒノキアスナロという種があり、これが青森のヒバということになっている。

どっちが原種で、どっちが変種と言っても、あまり意味のないことかも知れないが、私には、青森のヒバの方が、より原種に近く見える。なぜなら、尋常ではない力を持っているようだからである。普通ではないことが起きているということであれば、そこには、わけがあるのだ。

屋久杉の古木に会った直後に、どうしても、最北端に原生するヒバを見たくなって、青森まで来てしまった。

最初は、下北半島に行くつもりだったが、青森をイメージしているうちに、白神にも寄りたくなって、結局津軽半島になった。以前家内と一緒に訪れた時は、白神山地の西側にアプローチしたが、今回は、東側からアプローチすることにし、スケジュールに余裕がなかったので、そんなに深いところまではいかないことにした。

青森空港に着いてみると、山の上にあるせいかもしれないが、気温が十七度で、東京では考えられない涼しさであった。

レンタカーを借りて、津軽自動車道で五所川原の金木《かなぎ》まで行き、そこから県道二号線で最初の目的地である眺望山の登山口まで行った。

県道二号線に入ってからは、ほとんど車が通っていなかった。眺望山の東口にも、車はなく、完全な無人状態だ。予想通り、スマホはつながらなかった。

眺望山の登山コースは、頂上まで一時間、往復で二時間あれば十分という初心者用の道だが、アプローチが簡単な割には原生林が残っていて、深い自然に触れられるという情報があった。全く人気《ひとけ》がなく、何かあっても助けを呼ぶ方法はないので、慎重に行動しないといけないと少し緊張した。

一応、山歩きの装備をしており、小雨交じりだったので雨具も着たが、暑くは感じなかった。空港のコンビニで買った弁当を食べ、登山口でトイレを済ませて、入山することにした。

少し登り始めると、いきなり、右巻きと左巻きのヒバが現れた。

幹が右に巻いているヒバと、左に巻いているヒバということだが、ヒバに限らず、こういう幹が「らせん構造」になっている木は珍しい。登っている方向に向かって、山道の右側に、右巻きのヒバが、左側に左巻きのヒバがある。三メートルくらいは、離れているであろうか。

この付近のヒバは、原生のヒバであるが、山火事が出たこともあるらしく、ヒノキが一部植林されているところもある。

右巻きヒバ

左巻きヒバ

じっと見ていると、この場所の特殊なエネルギーのせいであるように思われた。

山道を歩いていると、折れて落ちてきたヒバの葉が、道の上にいくつか落ちているのが見つかった。道端には、種から芽を出したヒバの木が生えている場所に出くわした。どこにでも芽を出しているわけではないらしい。

これが自生のヒバなんだなあ、と思いながら登っていくと、オドリヒバという面白い形をしたヒバが現れた。

何本もある幹が、まるで、踊っているように、彎曲している。普通のヒバは、当たり前に、まっすぐ上に伸びてゆき、次第に、幹が細くなってゆくが、この木は、幹が別れて、太いまま彎曲しながら、立ち上がっていく。最初から踊っていたのだろうか。

今回は、行くことが出来なかったが、金木には十二本ヤスとよばれる、幹が十二本に分かれた樹齢八百年というヒバの大木がある。それも、低い位置から、太い幹が何本も彎曲しながら立ち上がっている。こういうオドリヒバの一種なのだろう。

そうこうしているうちに、眺望山の頂上についた。展望台の上まで登ってみたが、あいにくの雨で、遠くは見通せなかった。

相変わらず、だれも現れず、一人きりであった。自然の中でヒバと会話するにはうってつけではあるが、一人でもっと深いところに分け入っていくのにはちょっと抵抗があるな、と思った。

ヒバは、私の好みにとても合う木である。針葉樹の仲間であるにも関わらず、広葉樹のような柔らかさも持っている。本当にいい木である。この場所に来てよかった、と思った。何度か、ヒバのエネルギーにタッチしてみたが、奥行きがある不思議なエネルギーである。穏やかで、控えめだが、すごく強い。私も、こうありたいものだと感じた。

眺望山を訪れた七月初旬はもう夏なのにこの涼しさでは、冬は、とても寒いのだろうと思った。

極寒の寒さに耐えて生きる青森のヒバは、南のヒバと寒さの耐性が違う。この寒さがなければ、青森ヒバの強さにつながってこないのかもしれない。

それにしても、この時期の青森ヒバの表情には、何とも言えない、穏やかさとゆとりがあった。この一帯の山の持つエネルギー磁場の個性も関係しているのかも知れない。

こういうヒバに囲まれた家に住めたら最高だろうなあ、などと思いながら歩いていたら、山の精からいろいろと伝わってくるものがある。

彼らが、自らの中に、何を求めて生きているかというメッセージであった。

＊＊＊

我は、この地を守る自然霊なり。今日は、そなたが、我らの山においでになったことを、とても喜んでいる。

ヒバ、特にこの地のヒバは、我らが誇りである。この大和の国に幾多の木があれども、このヒバほどのものは数少ない。

このヒバには、いろいろな力が宿っている。決して派手でなく、自己主張もしないが、いぶし銀のような光を放っている。

ヒバは、非常に強い木だが、じっと、いつまでも、耐え続けるところがある。生きることの意味を、この地の極寒の時期を通して表現している。

この津軽の地でも、この時期は温かくなり、若い葉がいっせいに伸び始める。

なぜこのようなみずみずしい葉になるかというと、冬の雌伏の時期を越えて、この温かい季節を迎えることで、ようやく息を吹き返しているからだ。

この地一帯に自生するヒバの特徴は、この地域の磁場と関係がある。ちょうど陽極と陰極のように、エネルギーの渦ができている。この渦に感応しているのが、この地のヒバである。

オドリヒバや、右巻きや左巻きのヒバができるのは、ヒバが勝手にそういう形をとろうとするのではなくて、エネルギーの流れが不安定であるために、独特の極がいろいろなところにできているのだ。

十二本の幹を持つ十二本ヤスというヒバの木もそのような場所に生えている。

本来のヒバは、見てわかるとおり、杉やヒノキのように、まっすぐに上に伸びていこうとするのだが、その場のエネルギーが複雑に揺らぐと、それが、木の形に表れるということである。

ヒバにはそういう独特のエネルギー構造に従って、自らを表現してゆける強さがある。

それが、ヒバがヒバである所以でもある。

針葉樹であるヒバの葉が、同じ針葉樹である松や杉やヒノキに比べて、葉がとても厚くしっとりとした感じを受けるのは、この木の個性が反映している。このヒバは、針葉樹と、常緑の広葉樹の両方の特性を持っている。

極寒の地において葉が厚いということは、雪や氷で水が凍結する過酷な環境の下では、より生存に不利なのであるが、ヒバは、内部に、逆にそれに耐えるだけのエネルギーを持っているということである。

その土地がマイナス何十度という温度に下がっているときに、水は凍結してしまうが、こういう極寒の地域に生えている樹木の体の中は、そのまま、凍ってはしまわないのである。

水を凍らせないのである。水が凍れば、体積が膨張して、細胞が破壊される。

だが、そうはならないで、水を特殊な構造にして、温度が下がっても、自分の体の細胞を維持する。それを、生命体のエネルギー磁場を通してやっている。

一言でいえば、極寒の中で生きているということであり、生きるということは、それだけのことをして、体を維持しているということであって、そういうことも含めての強さである。

こういうことは、ヒバだけではなくて、寒いところに生える植物は、同じように、その生命体の力で、それを行っている。逆に、それが出来ているから、生きることができる。出来なければ、体が破壊されてしまう。そういう厳しい環境を生き抜いているのがこの地のヒバであるということである。

この地域一帯に自生するヒバたちは、どちらかというと、古老の者である。その中には、植物界としての叡智と、地球という星のミッションを担って生きている者たちがいるのである。

我々、山の精霊と、樹木や草木の精霊は、裏表のような関係で存在していて、互いに宇宙の叡智を共有している。

この山の存在が、そして、この樹木の存在が、宇宙の根源的な神の叡智の表れである。

これは、ある意味、あたりまえのことであって、そうでなければ、存在することさえ能わないものである。そういう植物の使命の、ほんの一部を、このヒバたちも担っている。

だが、それは、多くの他の木たちも、皆同じである。

もちろん、この地のヒバが、あなたにヒバとして特別に認知されるのは、それだけのことがあるからで、それがこの自然界に生きるものたちにとっての醍醐味でもある。

だが、どんなにヒバが素晴らしくても、日本中にヒバしかなければ、それはそれでつまらない世界であろう。

樹木なら樹木の精霊たちが、それぞれの個性において、全力を尽くして頑張る中で、見事なまでの調和が果たされていくことが素晴らしいことなのである。

我々、山の精霊は、植物たちが生きていける環境を作り出すことが仕事であるが、その山なら、その山の中で植物たちが、どのようなバランスを保っていくかについて、植物たちと思いを共有しながら、この自然を作り出している。

我々は、そのようにして、場を創り、維持するという意味での存在、存在のエネルギー体であるということである。山なら山、そのものが私なのである。あなたなら、それが分るであろう。

そのようにして、この星が出来上がっている。地上で存在する人間の認識が、最終的に上がっていかなければ、どうにもならないところがもちろんあるが、我々は、その時を待っている。

植物界は、縁の下の力持ち的な存在であって、植物自らのためにだけ生きているのではないということである。

＊＊＊

どのような樹木でも、雑草であっても、自らの内に秘めている力がある。

青森ヒバで言えば、耐える力であって、その中に生命力を結実していく。それ故に、生半可なものは寄せ付けない。

青森ヒバはものすごくエネルギーが強く、木が切られて根から離れても、幹の部分の中に入っている生命エネルギーは簡単に抜けていかず、虫やバクテリアに自分の体を分解させないから腐らないのだ。

近年の化学分析で、ヒノキチオールという物質がその効力を出していることが分ってきたが、それだけでなく、切られてもなお生きている木であるという側面が大きいのだと思う。

こういう、形態を維持する力を表現するところにこの極寒の地に生きるヒバの特徴があって、それが青森ヒバである、ということである。

青森ヒバは、別に気難しいわけではないのだが、気難しそうに見えるほど、頑張る木だ。それ故に、安易な妥協はせず、とことんやるが、とても優しいところのある、いい木なのである。

9

白神山地のブナ

――植物は地球の環境を維持するために働いている

白神山地には、世界遺産としての核心地域が指定されていて、これを囲むように緩衝地域がある。暗門《あんもん》の滝のエリアは緩衝地域の中にあり、自然は深い。

この東からのアプローチは、西からのアプローチほど簡単ではないため、ここを訪れる人は少なく、本当の意味での白神を味わうことができる。

ホテルのある五所川原から白神山地の暗門の滝の入り口までは、車で一時間半くらいである。朝七時過ぎにホテルを出て、白神山地に向かった。白神山地が近づくにつれ車の数がめっきりと減り、最後の三十分は一台も見かけなかった。

白神山地のブナ　マザーツリー

現地に着いたのは九時前で、開いている店が一軒もなかったので、先に津軽峠までいって、ブナのマザーツリーに会うことにした。

津軽峠の駐車場までは一部舗装されている登りの砂利道を三十分走るが、この間、またしても一台の車にも会わなかった。津軽峠の駐車場も空であり、眺望山と同じく閑散としていた。川の増水で暗門の滝へのルートが閉鎖されていたが、道路の補修が追いついていないらしく、津軽峠から先も閉鎖されていた。

念のためスマホをチェックしたが、やはり圏外だった。

マザーツリーまでの道は簡単なコースだが、何かあっても、だれかが助けに来てくれるということはない。ふと、駐車場の脇をみると、ここで、何年か前に、三人が遭難して死亡という看板が目に止まった。

道に高低差はなく、五分ほどですぐマザーツリーが見えた。

ブナのマザーツリーは、直径一四八センチ、高さは三十メートル、推定樹齢は四百年だそうである。最近このブナの木の前にデッキができて、直接接近できないようになっている。

それにしても太い。周りのブナと比べると別格である。

早速、マザーツリーのエネルギーにタッチしてみた。どっしりとした感じの、包み込むような穏やかさを感じるエネルギーだ。

ただ、少し弱っているのかな、と思った。こんにちは、と呼びかけると、反応は返って来るが、少し弱い。そろそろ、寿命がつきつつあるのかもしれない。

ブナの木は広葉樹であって、杉などに比べると、寿命は長くはない。推定寿命が四百年ということなので、ブナとしては、相当長生きしているのは間違いない。

このブナのマザーツリーに至る道の途中に、左に下る細い道があって、そこに、ブナの巨木が十本くらい立っていた。巨木といっても、直径が二〇～三〇センチくらいで、マザーツリーとは比較にならないが、ブナの中では、太い方である。

こちらのブナは、まだ育ち盛りの若い木なのであろう、強いエネルギーを出していた。

このくらいの太さのブナは、白神山地には相当な本数が生えていると思うが、それでも、そんなに多くはないだろう。

ブナは群生を好む木で、この白神の地のように群れをなしている方が勢いを増すのだが、このような原生林では、いろいろな樹木と一緒に生えていて、不思議に、調和がとれている。ブナの巨木たちとのあいさつが終わったところで、帰ることにした。

再び三十分かけて下り、車で暗門の駐車場に戻ったが、まだ十時半だったので、暗門エリアにある自然散策路を歩いた。川の増水で暗門の滝へは行けなかったが、なかなかに原生林の趣を感じさせる場所であった。

自然散策路は、最初に水場があり、そこから木の階段があって、登りになる。全体としては、標高差百メートルくらいは登る感じだろうか。山歩きという点では初心者コースであるが、水平部分はあまりなく、ずっと登っていくので、それなりに体力は必要だ。

暗門川の沢の音を聞きながらトレッキングをする感じで、川の南東の斜面を登ることになる。一メートルくらいの幅の山道の両側には、細いブナに多くの雑木が混じった林が広がっていて、ところどころに、太いブナが生えている。

七月の上旬で緑は濃く葉は茂っているので、山道は少し薄暗いくらいである。晴れていれば木洩れ日が漏れるのであろうが、あいにくと曇りだった。

雨が多い季節らしく、山の中を小さな渓流が流れているのに何度も出くわした。気温は、20℃くらいで、歩いていて心地良かった。東京が30℃を超える猛暑なのに比べるとまるで天国だ。

少し太めのブナの木に何回かタッチしてみたら、うれしそうな感覚が返って来た。とても、元気そうである。

久しぶりに、耳を幹にあててみると、ゴーという木が水を吸い上げる音が聞こえた。見上げると枝が張り出ていて、空が葉で覆い隠されていた。これだけ、葉がついていると、相当の水を吸い上げないといけないのだろう。

冬は雪で覆われ寒いだろうが、今の時期は山の中に十分な水があり、暖かいので、ブナの木にとっても居心地がよいはずで、おそらく最高の季節であるに違いない。

種から芽を出したブナのかわいらしい木がそこここに生えていた。

森の中に、都会では決して感じることのできないような、みずみずしいエネルギーが充満していた。細い水の流れが渓流を作っていて、複雑な水の動きが、森の鼓動を感じさせる。詩的な言葉で表現しきるのは難しいが、こういう水のらせん運動は、地球に同調しているので、この山自体のエネルギー場にも影響している。

山と水と、そこに生えている木々たちが織りなす交響曲のようである。

現生のブナ林の中に丸木小屋を作って住めたら、最高だろうと思った。

こういう森の情景は、季節でも違いがあり、一番、山が生き生きとしているのは、春先から夏前の時期だろう。

もちろん、秋には秋の美しさがある。以前白神の十二湖に行った時は、十一月で美しく紅葉していた。

そして、もう一つの大事な時期が、極寒の冬である。冬が耐えるしかない厳しい時期かというと必ずしもそうではなく、樹木の強さは季節の変化のダイナミズムの中から生み出されてくるものがあるのである。極寒の冬には意味があるのだ。

そして、強くなるのは木の物質的部分だけではなくて、木の魂そのものも強くなっていくということである。そのために与えられている環境ということなのである。

しばらくその場のエネルギーを味わっていると、白神山地の精霊がやってきた。

＊＊＊

白神山地はいかがであったであろうか。ここは、また、ヒバの地とは異なる趣を感じられたのではないかと思う。同じ青森ではあっても、ここはここで、深い落ち着いた雰囲気を漂わせている。

この地のブナは、昔からこの地に生えている。私はこの地を守るものとして、ブナをパートナーに選んだ。ブナは優しい木であり、すべてを包み込むところがある。そして、植物の中では、集団でいることを好むタイプである。あなた方にマザーツリーと呼ばれているブナは、かなり前から生えているが、それでも、最古のものではない。

ブナにも、寿命があって、数百年生きると、体である木の構造がもたなくなる。植物の中には、数千年を生きるようなものもいるが、広葉樹は、やはり、寿命が短い。それは、仕方のないことであるが、あのマザーツリーと呼ばれているブナも、そろそろ寿命がつきかけている。そのような時期に、あなたが来られたので、あの木も、ほっとしているところもある。

ブナ全体は、ここ数千年にわたって、古い木が枯れ、また、新しい木が入れ替わって、連綿と、集団として生きている。個々の木は、その時が来れば枯れて、次の木に後を託していくのは自然の摂理であり、何代も、何代も、これを繰り返している。その中で、長く生きている木は、周りの木に対して、エネルギーの中心的役割を負っている。

白神の地では、原生の森がかなりあって、人がほとんど入っていないところには、まだ古木が数多く残っている。現代のこの時期においては、どちらかというと、守られている地域であると言えるだろう。ただ、日本の国全体でみると、ブナの原生林は、以前ほど残っていない。人間が住むために、森をある程度開発していくというのは仕方のないことであるし、我々も、そのことは織り込みずみである。

しかし、どのように、自然を理解するかということについて、新たな認識が必要な時期に来ているということではないかと思う。それは、植物界が、地球の環境を維持するために働いているという理解が足りないために、地球が破壊されようとしているからである。これは、地球上ですべての魂がこれから生き延びていくために必要なことであって、我々植物のみが生き残ればいいというようなことではない。

そのためにどうしても必要なことは、この自然が、それ自体生き物であることに気付くことである。そうでなければ、今の文明の中で、まるで、イナゴの大群が押し寄せてあらゆるものを食い尽くしていくように、あらゆるものを消耗しつくしていくだろう。そういうマインドであれば、人類はおろか、動物も、植物も、そして、この自然も、ひとたまりもないのである。

我ら植物が、そして、自然が、どういう原則のもとで生きているか、やがて明らかになってくるであろう。そのこと自体があなた方の仕事でもあるが、そのような新たな時代を切り開いてゆくことが喫緊の課題であり、そういう方向に踏み出していかなくてはならないであろう。

植物も自然霊も、根源的なところに思いを持つものは、そういう認識を持っているし、そうでなければ、自然の摂理の中で、行動することはできないということである。

心してほしい。

目覚めが必要な時が来ているということである。

私たちが、我らが、何者であるのか、何が真実であるのかを、思い出してほしい。

決して、難しいことではないはずである。本来の姿に戻ればいいだけである。

今、あなた方にとっても、私たちにとっても、目覚めないといけないこと、ゴールは同じなのだということである。

10

アップルロード

――リンゴ栽培は病気との戦い

津軽のアップルロードは、弘前市内から岩木山の麓まで約二十キロ続く、リンゴの花で有名な道路である。白神山地からの帰り道、リンゴ畑が見たくて、アップルロードを通った。時節柄、花は見られなかったが、一面に広がるリンゴ畑は見事なものであった。

リンゴは寒冷な土地を好む木で、岡山の実家にはブドウやモモ、それに、イチジクとか花梨、ミカンの木もあったが、リンゴの木はなかった。小石川植物園の、ニュートンの青いリンゴは見たことがあるが、食用の赤いリンゴの木を見るのは初めてだった。

青森のリンゴは、すごく幹が太かった。途中に出会った農家の方にお話を伺っていたら、

アップルロードのリンゴの木

直径二十センチくらいの木で、二十年から二十五年は経っており、もう十年くらいは実をつけると言われていた。もちろん、直径が十センチくらいの細い木が植えられている畑もある。

その農家の方の話によると、この時期のリンゴは病気にかかりやすく、定期的に薬をかける必要があり、毎日が、この病気との戦いなのだということであった。

ふと見ると、地面には、一面にクローバーが咲いていて、これは、植えられているのですかと尋ねると、自然に生えてきているということだった。おそらく誰かが植えたのか、他の畑から入ってきたものだろう。

クローバーには窒素固定の力があって、空気中の窒素を、植物が吸収できる形に変えることができるので、天然の肥料でもあるし、雑草や害虫除けに、ミカンの木のまわりに植えることもあるらしい。果樹園とクローバーは、相性がいいようである。

福岡正信さんの不耕起農法では、基本的に土を耕さないが、代わりに、マメ科の植物を植える。クローバーとかレンゲなどの植物の根を使うのである。根が張りすぎると問題が起こるので、栽培したいものとの関係を考えなくてはいけないし、根の処理も必要になるが。

クローバーが植えてあっても病気を防ぐことができないのは、リンゴの木の耐病性が弱いからだと思うが、リンゴの木を見ていてぱっとひらめいたことがある。

こういうひとつの品種の植物だけを、純粋培養のように育てると弱くなるのである。これは、現代農業の弱点でもあるが、自然の摂理に適っていないのだ。

同じリンゴの木ばかりを集団で植えることが弱さを助長するのだが、それも、フジとか、つがるとか、おいしいリンゴであればあるほど、そういうことになっている可能性は高い。生態系での適応の原理があり、長い時間が経つと、病害虫やカビなども、使われた農薬に適応して強くなってしまうのである。農薬に頼るといたちごっこになってしまう可能性があるということである。

このリンゴの木の病気の話を聞いたときに、ふと、頭に浮かんだのは、前日に目にしたヒバである。ヒバは、ものすごい防虫、防菌力を持つことで有名な木である。だから、ヒバを、リンゴ畑の近くに植えてやるだけで、効果があるのではないか。

もう一つは、今日見たブナである。ヒバにしても、ブナにしても、原生林の樹木が、病気になっているという話は聞いたことがない。とても強くて、丈夫である。単体で、ブナを取り出した時に強いかどうかはわからないし、ヒバに至っては、植林のしにくい木なので、植えても、簡単に居ついてくれるかもわからないが。

しかし、この原生の植物たちと、栽培されている植物たちの違いは歴然としていて、私たちが、もう少し、生命のあり方を根本的なところで捉えないといけない気がするのである。

科学技術が、対症療法に陥ってはならないと思う。

11 ソメイヨシノの魂
——新しい植物が生まれるとき

ワシントンDCのポトマック川のほとりに咲く桜は、日本から送られたソメイヨシノである。とても上品な薄いピンク色をした桜で、日本でも、桜といえばソメイヨシノということになっている。

メリーランド大学に長期滞在していた頃に、家内とこの桜を何度か見に行った。川岸ではチェサピーク湾でとれたワタリガニを一匹一ドルで売っており、これがなかなかいい味で、春の風物詩としてソメイヨシノとワタリガニが記憶に残っている。

ソメイヨシノは原種の桜ではなく、江戸時代の末期に誕生している。遺伝子解析の結果、二つの異なる種類の桜の交配で生まれたことが分っている。ソメイヨシノの父はオオシマ

小石川植物園のソメイヨシノ

ザクラ、母はエドヒガンである。

オオシマザクラは、緑の葉が出てから真っ白な花が咲く、男性的な凛々しさがある桜だ。エドヒガンは、ピンク色であでやかな感じだ。

交配させて作られた植物はどれもそうだが、この桜の種を植えても、ソメイヨシノにはならない。そこで、挿し木で増やすしかない。そういう意味では全てのソメイヨシノは、元のソメイヨシノのクローンである。


ソメイヨシノは、木としては短命である。杉やヒノキは千年以上生きる木も珍しくないが、ソメイヨシノは大体六十年くらいと言われている。最も長寿のものでも、百年くらいである。

古木の中で最も古いのは、小石川植物園の一八七七年に植樹されたもの、次が弘前公園の一八八二年に植樹されたものだ。このあたりの古木でも、せいぜい百三、四十年である。


ところで、桜の木には桜の精霊が宿っているのをご存知だろうか。そんな、おとぎ話のようなことがあるわけないと言われるかも知れない。

花の場合なら、女性の姿をした妖精であり、木の場合は、男性であることが多いようだ。「ようだ」というのは、実は、私には、残念ながら妖精や精霊の姿が見えないため、こういう姿だとは断言できない。しかし、時には話をすることがある。

私は長年ある疑問があった。桜の木に精霊がいるとすると、それは、桜の木の魂といえる存在だろう。それが、ソメイヨシノのようにクローンで何百万本にも増えてしまった場合、精霊の方は、どうなっているのだろうということだ。

精霊も木の数だけ増えるのか。あるいは、一人の精霊が何百万の木に共通しているのか。

人間の場合には、胎児のときに、魂が宿る。死んだら、あの世に帰る。そんなこと迷信じゃないの、と言う人がいるかも知れない。しかし、これは、宗教などとは関係なく、事実である。息子は三歳くらいまで、上の方から降りてきて、ママのお腹の中に入ったと言っていた。宿った時の記憶があったのだ。だから、私なぞは、魂が体の中に宿ることは当たり前と思っているのだが、ソメイヨシノの場合はどうなのだろう、と思ったわけだ。

人間の場合なら、仮にクローンを作ったら、別の魂が宿ってくるだろう。意識も含めて自分のコピーを作りたいと思っている人がいたとしても、おそらく思い通りにはならないはずだ。

そこで、ソメイヨシノに宿る魂について、本当のところはどうなのか、小石川植物園の樹齢一四〇年の古木に聞いてみた。

すると、どうも、人間とはずいぶん状況が違うということがわかってきた。どういうことかというと、形が出来上がった木に、後から服を着るように魂が入ってくるという理解は正確ではないのだそうだ。この桜の木が、桜の木としての姿形《すがたかたち》を作る時に、何が起こっているのかをまず理解しないといけないらしい。


そのためには、生命についてもう少し知らなければいけないことがある。それは、植物であっても生命としてのエネルギー体があり、そのエネルギー体の発現として植物が植物たりえている、ということだ。

もちろん、物質的な仕組みはある。細胞があり、組織があり、木であれば、根が伸び、幹や枝があり、葉がついて、根から水や栄養分を吸い上げている。そして、太陽の光を浴びて炭酸同化作用をして、光のエネルギーを生化学的なエネルギーに変換している。植物自身も代謝はしていて、生きている現象を示している。

そういう物理的な作用が働いていることは確かなのだが、それをさせている、目に見えないエネルギー体が存在していて、このエネルギー体が生きようとする力を出しているからこそ、生長があり、体が維持されるという、そういう順番になっているのだ。

何もなければ、すぐに枯れてしまうのである。そして、そういうエネルギー体の中心の部分に魂があるというのは、植物であっても同じである。

この植物の魂が、人間の魂と同じような意識を持っているかというと、そういうわけではない。私たちの思いを感じる力は持っていても、それを知的に言葉で表現することはできないと言った方がいい。

植物の魂も人間と同じように長い時間の中で存在していて、枯れたら終わりということではなく、あの世に帰り、また生まれ変わってくる。

そういう時間の流れの中で、植物の魂も進化していて、どういう環境の中で、どれだけの力で木や花を展開させるか、そういう表現力が多彩になり、強くもなっていく。

同じく樫の木や杉の木であっても、生育する場所や環境で表現に違いが出るだけではなく、その樫や杉の木の魂自身が持つ力による違いも大きい。

さて、ソメイヨシノがどのようにして作られたかということだが、世の中一般には、江戸時代の末期に、ある植木職人が交配して作ったとされている。正確に言うと、いろんな交配を試している中で、偶然にソメイヨシノが生まれたということだが、実際のところは、ソメイヨシノを生み出すための魂が先に創られた、正確には、選ばれたのである。

そして、二つの桜の木の間で受精が行われる瞬間に、この魂の力が働いて、ソメイヨシノになる種が結実した。そして、今、私たちが目にしているようなソメイヨシノの花を咲かせることになったというわけだ。

寒い冬が明けたときに、枝に一気に花をつけ、そして散っていくソメイヨシノは、日本人の精神性によく合っている。

普通の木は、まず葉が出て、それから花が咲くが、ソメイヨシノは違う。先に、何もないところに花が咲き、花は長くは持たずに、一週間や十日で散ってしまう、一期一会の咲き方をする。

およそ花にはなにがしかそういうところがあるが、一瞬の時間の中で花をつけ、そこにすべてを懸ける。その潔さが、永遠の時間の中の美につながっていく。

バラの花であっても、最もみずみずしくて美しい瞬間は、わずかな時間だ。桜の花が大きく張った枝全体に一気に花を開かせるのはひとつの大パノラマである。木としても、巨大なエネルギーをそこに集約して花を咲かせるので、尋常でない仕事であるはずだが、そういう生き方を表現してみたいという思いがソメイヨシノの魂にはあるということなのだろう。

ことの順番からいうと、地球の中での思いとして、ソメイヨシノの魂の原型になるものが生まれ、それを地上に降ろす時に、元々あった二つの桜の木を掛け合わせて作ることにした。それは地上の人間が担当したのだが、その時掛け合わせた種の中に、新しいソメイヨシノの魂を宿らせた。その魂が宿った種だけが、この桜になった。掛け合わせた種はたくさんあったが、すべてがソメイヨシノになったわけではなくて、そのうちの一つの種だけがソメイヨシノになった。それはその魂が宿ったからそうなったのである。

ある種の突然変異的な出来事が起きたと考えてもいいが、もとはといえば、そういう魂が宿ったから、その魂がソメイヨシノという表現を展開しているのである。
植物が種から生まれるときは、明らかに魂が宿って自分の姿を展開するのだが、挿し木の場合は、元の魂が分かれていくこともあるし、最初は元の魂の一部で、その木が分かれて育つときに、だんだんと独立していくこともある。いずれにしても、同じ魂であると言って間違いではない。

多くの場合、挿し木や接ぎ木の苗が、遠くの全く違った環境の中で育っていくときに、その環境への適応の中で、別の主体性を発揮していき、その時に魂としても新たな局面を獲得していく。そうだとしても、エネルギー的には元の魂に繋がっているのも事実なのである。

ソメイヨシノくらいになると、当然、魂といっても、凡庸なものではなく、とても力がある。最近作られた魂であるので、若いと言えば若いのだが、一つの美学ともいえるような精神性を持っていて、一瞬の中に込めた思いを、永遠の世界の中に刻んでいく、あるいは無限の中に敷衍《ふえん》していくという、特殊な世界観を体現している。

短い人生であっても、濃く生きることができれば、それが永遠の世界につながるということを、桜の花を咲かせることで表現したかったのだろう。ソメイヨシノは、そういう魂だということである。

ソメイヨシノも、自分でつけた種から育っていくことができればよかったのに、と思う人もいるかもしれない。確かに、人の手を介在しなければ、決して増えることができないというのは、植物としては特殊な状況である。しかし、あえて自分の力で種を残していかないということが、一瞬のうちに咲いて散っていくソメイヨシノという桜の生き方そのものでもまたあるのだ。

12

花梨の性格と薬効

――植物は果実にエネルギーを込めている

小石川植物園の奥の方に、花梨の木が生えている一角がある。

花梨は大きな実をつけるが、実物を見たことのある人は少ないだろう。熟れた果実はとてもよい香りがするが、苦くて食べられない。

亡くなった父は喘息気味だったので、花梨の木を植え、花梨酒を作って飲んでいたのを思い出す。のど飴も売られているので、花梨がのどに効くということくらいは知っているだろう。

実家の花梨はそんなに大きくなかったが、毎年かなりの実をつけていた。

小石川植物園の花梨は見上げるほどの高さで、幹も三十センチを超えており、花梨としては巨木である。

小石川植物園の花梨

花梨の木は弘法大師が中国から持ち帰ったということになっているので、平安時代の頃から日本にある木である。

花梨の特徴として、幹が独特で、パイプのような細い幹を何本も束ねた形をしている。こういう形は、物理的に単純な円柱形の木よりも強度がある。表面の構造が、明らかに内側に向かって圧縮されている感じで、とても興味深い形である。

どうしてこんな形をしているのか、花梨に聞いてみたところ、どうもこういう形になりたいからということらしい。自らの姿形にすごく思い入れがあるようだ。

花梨は素直でないというか、一筋縄ではいかない性格の持ち主と見た。木の場合、その姿形というのは、その木の性格を表しているものであって、花梨の場合は、間違いなく、のんきな性格ではない。

小石川植物園の花梨はどれも幹が太いが、太さ以上に、粘る強度がありそうだ。まるで、柳が十本、二十本と束になっているような感じなのである。

「素直でない」とか「一筋縄ではいかない」というと、表現に語弊があるかもしれない。

「一途な」性格と言い換えよう。

花梨は生長する時、環境からのエネルギーや太陽のエネルギー、天地のエネルギーを集約して、強靭な体を生み出し、素晴らしい実を結んでいく。

花梨の一番のミッションは、薬効のある成分を生み出すということである。

実の中にいろいろな物質が含まれており、それが、喘息や咳止めに薬効があるが、実は、それだけでなく、実の中に封じられているエネルギーそのものが、薬効のエネルギーなのだ。

あまり知られてはいないが、樹皮にも薬効がある。こういうことは、花梨に限ったことではなく、あらゆる植物に、何らかの薬効がある。

不思議なのは、なぜ、ある植物の中に含まれる物質が、人間の体の不調を調整するのに効果があるのか、ということである。

現代の科学技術を以ってしても薬は簡単に作れるものではない。それが、植物の中で偶然に発生したということは、容易に受け入れがたい事実だ。これ自体が当たり前のことではないのだ。

明らかに、薬効は、意図して、植物の中に入れられているということだろう。

実際、植物たち自身が、私たちはそのように創られた存在なのだと言っている。


とは言っても、花梨の実ならどれでも全く同じ薬効があるわけではない。結局はその木の持つ実力、言い換えるとどれだけのエネルギーをその実に込められるかで決まる。リンゴならリンゴが、どれだけおいしい果実をつけられるか、ということと同じだ。

それには、環境だけでなく、素質や育て方も大きく関係する。要は、その個体がどれだけの器であるか、どれだけやる気になっているかということである。

それは、人間であっても同じだと思う。自らの中に、どれだけのものを込められるかに、生命体としての力が問われるのだ。

小石川植物園の花梨は、なかなかのレベルにあると思った。見ていて分るのである。その木の持っている生気や、漂っている一種の風格や、それに姿形にも現れているので、私でなくても、誰でもわかるはずだ。

花梨の木が植えてある場所は、植物園の奥の方であって、場所の地相もこの強さに関係しているのだろう。

水はけや、養分や、日当たりなど、そういう目に見える自然環境ももちろん関係するが、目には見えない、場所としてのエネルギー磁場も関係する。

磁場というのは、その場に行くと感じられるもので、例えば、温かい感じか、すがすがしい感じか、空虚な感じか、淋しい感じか、言葉で表現するのはなかなか難しいのだが、独特の雰囲気が作られている。

そこの土地の磁場が作られるのは、植わっている植物が発するエネルギーや、その土地にどういう人が住んでいるかということにもよるが、一番大きい要因は、そこが地球という星の中で、どういう個性をもって作られている場所であるかということだ。

小石川植物園の一帯は、小石川台地という尾根の上にあり、花梨が植えられているあたりは標高二十五メートルくらいで、もともと地盤のいいところである。

東南の方に高い銀杏の木があって、そこから北西よりにすこしゆるやかな下りになりかけているところで、やや窪地気味になっている。

こういうところは気が逃げないので、エネルギーを一定のレベルに維持しやすいのだろう。

13

アジサイの精

――植物の魂はどのように増えていくのか

アジサイ祭りのちょっと前に、白山までアジサイを見に行った。

アジサイ祭りというのは、文京区が四季折々に古い神社の境内の花をテーマにして開くイベントの一つで、毎年六月の中旬に白山神社で開かれる。

アジサイ祭りの頃は、随分賑わうらしいのだが、その日のアジサイたちは元気があまりなさそうな感じがした。アジサイは、何といっても、雨を好む植物である。このところ雨が少なかったせいだろうか。

アジサイの中では、ブルーのアジサイが最も好きだ。他の色のものが嫌いというわけではないが、何となく、私の性に合っている。境内を回っていたら、最後に、好みのアジサ

白山神社のアジサイ

イに出会った。

こんにちは、ってあいさつをしたら、うれしそうに微笑んでいるようだった。

アジサイの花の色は、土壌のpHによっても変わってくる。雨が多いと、空気中の炭酸ガスを吸った水が降るので、土の中のアルミニウムが溶けて炭酸アルミニウムになり、これが、花の色に影響する。固有の色合いもあるが、雨による影響は小さくない。雨が少ないと、色がだんだんと薄くなり、白っぽくなってしまう。

アジサイの特異なところは、切り花にすると水の吸い上げが弱く、長持ちしないことがある。水が豊富であることに慣れているのかもしれないが、ひょっとすると、一本の花になって自己表現をするのがあまり得意でないのかもしれない。

もう一つ、アジサイの勢いがいまひとつ弱いのは、群生していく自然の勢いまで至っていないこともあると思った。エネルギー的に、ひとつひとつの株が分断されている感じがするのだ。アジサイは一つの株だけで咲いているよりも、群生することで独特のエネルギーを発する植物である。

もともとアジサイは、個々の株の中に付く、たくさんの花のひとつひとつを表現するよりも、集団として表現する方が性にあっているようである。どこか日本的な個性のある花なのである。

群生をすると元気になるのはアジサイだけではない。実は、どんな花でも群生させることはとても大事で、バラの花でも、群生させた方が勢いを増してくる。

よく、ひまわりとか、ポピーとか、レンゲや菜の花が畑一面に群生している写真を見たことがあると思うが、量による閾値《いきち》のようなものがあり、同種のものが集まったときに現れる強さがある。

もちろん、これとは別に、違ったものが調和して作り出す強さもある。

アジサイの花は、ひとつの花の房に、小さな花がいっぱい咲いていて、この個々の花の微妙な色合いが、何とも言えない風合いを醸し出す。

アジサイに限らないが、花を咲かせるには、ものすごく大きなエネルギーを必要とする。それも、とても繊細な気配りを必要とする。

アジサイは、ひと房の中で数十の花が咲き、一株のアジサイで多ければ数十の花の房がつくので、千のオーダーの花が咲くということであり、さらには、このそれぞれの花から種が実る。

植物にとって、種は、生命の核でありエッセンスであって、このために非常に多くのエネルギーが費やされている。そのためか、花を咲かせている時期のアジサイが放射しているエネルギーは、ものすごく強い。

といっても、荒々しい強さではなく、周囲を何ともいえない優しさで包み込むようなエネルギーである。

アジサイの精がいるかどうかに興味のある人もいるかも知れない。

もちろん、アジサイには、アジサイの魂が宿っている。アジサイの姿が、この世におけるアジサイの表現形であるのは間違いない。

一般に、花の精とか精霊と呼ばれるものは、その花の魂の霊的世界における表現形である。そういう精霊の姿で現れたいと思えば、そういう姿を霊的な形としてとることができるということである。

アジサイの花は、物理的には、無数の細胞からなる生命体であり、茎があり、葉があり、根があり、花をつけるが、本当はそれだけではない。

個々の細胞が新陳代謝をして生きているから全体としてアジサイが生きているという理解では十分ではない。このアジサイを生かそうとする力が働いていて、その結果として、アジサイが生きているのである。

アジサイを生かそうとする力の根源のところが、アジサイの魂とつながっている。アジサイの魂に、自分自身を精霊として表現することができる力があれば、精霊として現れてくれる。

アジサイを生かす力を持つエネルギー体は、アジサイの物理的な体である茎や根や葉や花などの、株全体と完全に重なっているが、このエネルギー体は、物質的な時空の中に存在しないので、物理的には見ることはできない。

こういう仕組みは、動物とか鉱物とかでも同じであるが、動物の場合には、一体の魂が一体の体に宿るため関係性がはっきりしているのに対して、植物の場合は分りにくいところがある。

例えば、アジサイを挿し木で増やす時と、種から植える時では、魂の展開が変わってくる。茎を切って水に活けておくと、根が出てくることがあるが、根が出てくると、植物の生体としては独立していく。挿し木や水挿しの場合は、クローンということになるわけだが、こういう時に、魂は増えるのかという問題がある。

当たり前のことだが、挿し木が成功した段階では、魂として独立しているわけではない。この挿し木が生長して花をつけるような段階になったとしても、元の木とエネルギー的には一体である。ただし、アジサイの挿し木は簡単にはつかない。

花のついた枝を一本切り取ってコップや花瓶に活けたときも同じで、エネルギー的には繋がっている。ということは、厳密に言うと、株に対して魂が一体いるわけではないということになる。

しかし、この挿し木のような形で出発したとしても、その新しい株が、違う環境で、元の株と別の経験を積み重ねていくと、次第に、アジサイの魂として、分化が起こってくる。と言っても、本来は一つの魂なので、一つの魂であると思えば、一つの魂である。

種から植えるときは、少し状況が違ってくる。種の中には、実は、新しい魂の核となるエネルギーが入っているために、初めから独立した魂になる。

ただし、この場合、基本的には、親の魂のエネルギーをベースに作られるので、同じエネルギーから出発して、生長することになる。この発芽の瞬間に、新しいエネルギーが何らかの理由で入ってくると、突然変異のような現象が起こるのである。

ハイポニカという水耕栽培を始めた野澤重雄さんが言われていたことは、植物は、種が発芽する瞬間に、周りの環境を認識して、そこから先、どういう風に成長していったらいいかを決めるのではないかということだった。

彼の栽培法で生長したトマトは、水平方向に十メートル四方に展開し、一万七千個の実をつけた。根は、一メートル四方くらいの栽培層の中に密に発生し、通常の温室栽培とは全く違った様相を見せた。

水耕栽培なので、栄養分は水に溶かして連続的に無限供給できるのだが、問題は植物の方が、どこまでの勢いと規模で成長するかということである。

ハイポニカの場合は、実ったトマトの実の品質が、通常の栽培法よりも良かったので、実が多くなった分だけ、栄養分が薄まってしまうということではなかった。

こういう風にトマトがやる気になっているときは、力のある魂が入っている可能性がある。そのくらいの風格のあるトマトだった。

面白いのは、ハイポニカという技術で育てたトマトは、どのトマトも同じようになったわけではないということだ。いわゆる〝ハイポニカ化〟が起こったかどうかということである。

野澤さんがやった時はうまくいったが、別の方がやった時はうまくいかなかったという話は聞いた。

これは一言で言うと、しかるべきトマトの魂が宿ったかどうかということである。トマトを単なる物だと思っていると、力のある魂は、そういうところにはいきたくないので、うまくいかないのかもしれない。

アジサイの場合も、同じことが言える。アジサイに宿る魂の力の問題があり、それなりの魂が宿らないと、一定以上に勢いは出てこないのだろう。あるいは、今の魂が、本来の自分の力に目覚めるというようなことが起これば、また違うのかもしれない。

14

プリンセス・ミチコとフローレンス・ナイチンゲール

――地植えの花は枯れてもエネルギーを発散する

五反田の一角に、皇后陛下の元ご実家跡があって、ここが今は皇后陛下ゆかりの木や花が植えられた公園になっている。ねむの木の庭とも呼ばれていて、中心にはねむの木が植えられているが、この木がこの公園の主《ぬし》的な存在だと言ってもいい。

北東の角には桐の木が植えられていて、この木がもう一本の主である。

この公園は、周りがニオイヒバというヒバの木で囲まれていて、これがガードになっている。ヒバは、害虫を寄せ付けない、耐腐食性のある、とても強い木である。

ここは、巷の噂ではパワースポットの一つで、龍の通り道になっているのだそうで、行ってみるとわかるが、確かに磁場がいい。

この公園に植えられているバラは、美智子皇后に因んで植えられた、プリンセスミチコ

ねむの木の庭のプリンセス・ミチコ

皇居東御苑のフローレンス・ナイチンゲール

というバラである。

オレンジ色のしっかりとした、なかなか風格のある上品なバラで、皇后陛下をイメージさせるバラだということなのだろう。専属の庭師の方が常駐しておられるので、手入れは行き届いているが、逆に、自然という意味からすると、少し弱いかもしれない。

この公園の持つ波動は、この地に住まわれていた正田家の方々の波動を残しているのかも知れないが、とても落ち着いて優しい感じがする。

美智子皇后にまつわるもう一つのバラは、皇居の東御苑に植えられているフローレンス・ナイチンゲールである。このバラは、かの有名なナイチンゲールを記念して作られたバラで、国際赤十字社から皇后陛下に送られたものが植樹されている。

とても清楚な感じのするバラである。私が見に行った時は、タイミングが少し遅くて、花が終わりかけていた。ベースは白だが、薄いピンク系のクリーム色のような淡い色が花の中心部にあり、何とも言えない上品さを漂わせている。

もう枯れかけている花も多かったのだが、枯れかけている、あるいは、枯れて落ちてしまっている花びらが、また、美しいのである。なんとも言えない風情があって、若いみずみずしい花びらにはない、ある種の奥行きを感じさせてくれる。

こういう地植えの花は、切り花に比べるととても長持ちする。蕾の花が途中でしおれてしまうことはまずなく、最後まで開き切る。

不思議なことだが、花がみずみずしいときにだけ花にエネルギーが行き渡っているかというとそうではなく、花が枯れる頃の方が発散されているエネルギーが強いので、花びらを煎じて飲んだりするのであれば、枯れきるまで枝を切らない方がいい。

ゴッホが描いたひまわりには、枯れたものを描いたものがあるが、枯れたひまわりから異常に強いエネルギーが放射されているように描かれているのは、絵だからということではなくて、本当のことなのだと思う。

逆に、枯れそうな花は切ってやった方が木の勢いが衰えないと言われるが、確かに、枯れた花にも木の方の負担になるほどにエネルギーが注がれているということなのだろう。

同じ植物でも、花は樹木と違って、花を咲かせることにすべてを懸けるところがある。

特に、バラとか蘭とか、優雅な花をつける植物の場合は、その生き方が芸術的であり、一輪、一輪の花に、すべてを懸けて咲かせてくる。

花が美しいのはそのためである。これは野の花でも同じで、誰も見ていないところでもその花を咲かせ切るところに花の神髄がある。

もちろん、花だけが美しいわけではなく、葉にしても、枝にしても、あるいは、樹木の幹にしても、あらゆるところに、美しさが表現されている。

植物は生命体として非常に巧妙に出来ており、機能的かつ合理的に活動しているが、そのあらゆる表現の中に美しさが込められているということは、奇跡のようなことであると思う。

こういうものは、人間の手では決して作り上げることができないものであろう。

15

ニュートンのリンゴ

――木と人間にも個人的な縁がある

リンゴが木から落ちるのを見て、ニュートンが万有引力の法則を思いついたという話は、物理学が得意でない人でも知っているのではないだろうか。

実際にニュートンの生家に植えてあったそのリンゴの木が、小石川植物園にある。正確には、接ぎ木で持ってきて植えてあるのである。

このリンゴは、「ケントの花」という、リンゴとしては変わった品種で、なった実は熟れないうちに落ちてしまう。味はまずくて、食べられそうにないが、ニュートンに万有引力の法則を発想させるきっかけを作ったのであるから、歴史的には功績のあったリンゴということになる。

ニュートンのリンゴ（夏）

ニュートンのリンゴ（冬）

接ぎ木で日本にやってきたあと、本家の方のリンゴは、老衰で枯れてしまったようであるが、このリンゴはその直系であり、元のリンゴの魂を受け継いでいるのではないかと思われる。

最初に一目見たときは、ちょっと風変わりなところのある木だなあと思った。まわりの木とはどこか違うのだ。なにか、私は私という感じで、あまりこの場所に馴染んでおらず、独自の雰囲気を出していた。「へえー」と思って見ていたら、この木の精がやってきた。

どうも、このリンゴは、単なるリンゴの木ではない。普通の木のように自然との結びつきだけで生きているのではなく、特にニュートンとの縁というか、関係を感じているようなのだ。

それにしても、ニュートンが見ているところで、それもそれなりの年頃になって、ある時期にじっと考え事をしているところで実を落とすというのは、至難の技である。本当に彼がリンゴを落としたのか、どのようにしてそれができたのか、聞いてみた。

＊＊＊

確かにニュートンの目の前で、実が落ちました。

しかし、実が落ちたタイミングとか、それが偶然なのかとか、そういうことが問題なのではなく、私が実を落とした時に、ニュートンに、そのタイミングをとらえてインスピレーションを送った方がいるということなのです。

私は、そういう機会に参加することができたことを非常にうれしく思っています。

もし、それがリンゴではなくて、他の木の実であったとしても、それはそれでいいのです。私たち植物界のものとしても、皆が彼を応援していたからです。私は、彼が生まれる前から、元のエネルギー体としての彼を知っておりますし、とても、縁の深い方なのです。

それから、リンゴは、神々の使いなのです。アダムとイブの話に、リンゴが出てきますが、それも偶然ではないのです。植物にもいろいろなものがあり、役目を持って生きているのです。

＊＊＊

りんごの精は、私にそんなことを語った。

別れるときに、葉をつけて実がなるころにはぜひまた来てほしいという思いが伝わってきた。

この時来たリンゴの精は、この木に宿っている魂そのものではなくて、ニュートンの生家に生えていた、元のリンゴの木の精だろう。

リンゴの精にも転生があるので、木が死んだらあの世に帰る。魂は消えてなくなるわけではないので、行きたいと思えば、一瞬でどこにでもやってくる。

自分の一部が生えている場所であればなおさらである。エネルギー的にいうと、自分自身でもあるからである。

今は、接ぎ木で増えたこのニュートンのリンゴは、世界中に何百本かあり、大事にされているようである。挿し木の場合には、百%のクローンだが、接ぎ木の場合には、基部は別の木の苗を使うので、厳密には百%のクローンにはならないかも知れない。

アメリカの有名な育種家であるバーバンクによると、接ぎ木では、基部に使った木の性質も現れてくることがあるようである。

ひと月以上たって、梅雨に入ったころにもう一度ニュートンのリンゴに会いに行った。ちょっと見ない間に葉が茂り、実がなっていた。

やはり、葉が茂っているときの方が、木としては勢いを感じる。リンゴの木として、立派に見える。

これがあなたの姿か、と語り掛けると、うれしそうにしているのが分かった。

16

スギと花粉

――単体の植林で杉は飢餓状態になる

杉は花粉アレルギーの元凶として、多くの人に良くないイメージを持たれている。しかし、もともとは、むやみに花粉をまき散らすような木ではなかった。

そもそも、杉は、寒冷な地域で地表を覆う針葉樹の中でも代表的な木であり、地球にとって重要な木であることは間違いない。

世界中に素晴らしい杉の原生林がある。ヒマラヤスギ、シベリアスギ、レバノンスギ、オレゴンスギ、わが国だと、佐渡に杉の原生林があり、また屋久杉も有名である。ほかにも数え上げればきりがない。

同じ杉でも、日本の杉とヒマラヤスギではだいぶん違う。

左の写真は、小石川植物園のヒマラヤスギであるが、天を突くような感じの生え方ではなく、柔らかく地面を覆うように生えている。

幹も枝も、彎曲していて、複雑な形になっている。

ヒンドゥー教では聖なる樹木とされているし、ヒマラヤスギの森は、古代インドの賢者が修行を積んでいた場所なのだそうだ。

実際、この木の下に佇んでいると、不思議に気持ちが落ち着いてくる。

いわゆる古木のようなレベルでなくとも、一定の年数が経ったヒマラヤスギには杉の精霊が宿っている。

日本に入ってきたのは明治になってからなので、まだ、百五十年は経っていない。そういう意味では、歴史の浅い木だが、ヒマラヤスギには、ヒマラヤスギとしての思いがあって、杉の仲間として、いろいろな生き方があることを見せたいようである。

日本の昔からある杉のように一本気な感じではなくて、老練なところがあり、穏やかで、どっしりしている。

ヒマラヤスギの言うところでは、彼もいろいろな力を持っているが、それは他の木でも同じで、それぞれにまた別の力がある。そういう力は、大自然の神の営みの中にあり、そこから離れて成り立つわけではないので、効能だけが独り歩きをするのは本意ではない。あなた方の認識が進んで、ものごとが受け入れられるようになったら、お役に立てることもあるだろう。今は人間たちが、本当の意味で、自然というもの、神の創られた世界のことが分らなくなっているので、それをまず取り戻して欲しい。そのように言っている。

日本の杉が今花粉を撒き散らしているのは、杉がいけないというより、植林の形に問題があったということだと思う。

特に日本の杉は非常に繁殖力が強い。植えれば他の木の何倍ものスピードで大きくなっていく。

次ページの写真は、湯沢の魚野川のほとりにある杉林であるが、木全体に種がついて、この種を撒こうとしている。いわゆる杉の臭いが相当に強烈だ。

このあたりは、木は適当に間引きがしてあるし、管理はよくされているが、それでも、杉としては、もっと大きくなりたい、もっと栄養が欲しいと思っているのだろう。

とてもいい水が流れているので、水は問題ないはずだが、栄養不足なのだろうか。それだけではないかもしれない。


一つの問題として、杉だけが植えられているということがある。それも、非常に繁殖力の高い杉だけがである。そのために、そのエリアに、杉という特定のエネルギー成分だけが蔓延してしまうのである。

多くの種類の木が植えられていたり、虫や昆虫や微生物が共生していれば、エネルギーもマルチスペクトルに広がり、お互いにやり取りすることで拡大再生産のような方向に向かうことができる。だが、単一の植物だけの時に、その植物が強すぎると、エネルギーのバランスが失われるのである。

逆に、その木が弱ければ、ひ弱になっていく。物質的な栄養素のレベルでは、これは、食い尽くしにつながる。どちらにしても、いいことはない。

湯沢の魚野川沿いの杉林（植林）

杉は飢餓状態になり、生存本能が働いて、花粉を大量に放出するようになる。

もちろん、公害や、環境汚染も、複合的に関係している。

だから、単体の杉林はやめて、もっと広葉樹を植えて、雑植にする必要がある。針葉樹であれば、杉の代わりに、成長速度が遅いヒノキとか、ヒバなどを植えてもいいと思う。


青森ヒバは、植林が効かず、自生したものしかその土地で育たないそうだ。杉は、苗を植えればどこでもいくらでも植林が可能だが、青森ヒバは、他の地域で作った苗を植えても枯れてしまう。育つのは、その地で、種から芽を出したものだけで、とても、気難しい木なのである。


おそらく、青森ヒバは、種が芽や根を出すときにはその場所に適応できるが、あるところまで育った苗は、環境に適応する力がなくなってしまうのだと考えられる。

自然林や天然林の場合、多様な植物の集合体全体が、一つの生命エネルギー空間を作っているので、その環境の中で生きるのに適した表現を、種が芽を出すときに作っていくのであろう。

こういうことが起こるということは、初めから森の中にあるエネルギー体が、種に対してそこではどういう木や草が共同体を作るかということをナビゲートしているのだろう。

こういう森の調和を作るエネルギーは、その場所ごとに個性があり、どこも違った表現が出てくる。

しかし、地球の大地から上がってくるエネルギーや、太陽から与えられるエネルギーは共通であり、地球という星の生態系に従うという意味では、全ての植物が同じ枠組みで生きていることも真実である。

同じ地球で生きる植物が、場所、場所において、独自の個性を持った共生体になることが、非常に調和度の高い状態である。そうなることで、個々の植物も強い生命力を持つようになり、このことが、地球からのエネルギーを受け取る力を強くするのだと思う。

逆に、その自然のエネルギーのバランスが崩れた時に、花粉の大量放出などの不調和な現象が起きてくるということなのではないだろうか。

植林された杉は、とてもいびつな自然環境の中に置かれている。

例え適切に間引きされ、枝打ちされていても、杉だけが植わっていると、そのエリアのエネルギー空間が杉単体のエネルギーになるため、杉にとって最終的に満たされないものが残るのだろう。

原生林の中では、他の木も、杉の木から放射されるストレートなエネルギーを受け取ることで、自分だけで得られないものを共有でき、そのエリア全体が多様なエネルギーに満ちることで元気になっていき、ある意味、足ることを知るようにもなっていく。

こういうことは、深い原生林の中では自然に起きていることであって、人間が、何が起こっているのかを知らないだけなのである。

17 植物の寿命

――植物はなぜ環境に適応できるのか

植物にも寿命があるが、人間とは違い、随分と個体差が大きい。例えば、杉の木であればどの杉でも寿命が千年あるかというとそうではなく、ある木が生まれてから何年くらい生きられるかということは、一本一本の木ごとに決まっていると考えられる。

縄文杉とか、大王杉のように樹齢二千年、三千年という杉の場合は、もちろん、それだけの長さの寿命を持っているということであるが、こういう杉は、何年くらい生きるという寿命を設定してきているようだ。

植物の寿命は、樹木の部分を維持するための生命エネルギーをどれだけ持っているかで決まる。

最初の生命エネルギーは、種の中に封じ込められており、このエネルギーを使って種か

ナガエコミカンソウ

ら芽を出し、ゆっくり成長していく。生きている間は、このエネルギーが少しずつ使われ、これが尽きると、もはや体を維持することができなくなり、朽ちて倒れてしまうことになる。

木としての本当の寿命が決定するのは、その木がある程度成長したところであり、その時に、その木の寿命としてのエネルギーが注入される。注入されなければ、途中で朽ち果ててしまう。

挿し木の場合はどうか。植物には、自分の体のどの部分を切り取っても、そこから根や芽がでてくるような力が埋め込まれている。一振りの枝であれば、その枝の生命エネルギーが使われて、発根や発芽をさせる。そして、発根や発芽が成功した時点で、新しい生命エネルギーを導入して、初期化がおこる。発芽とか発根をする前にその枝の持つ生命エネルギーが尽きれば、その枝は枯れてしまうことになる。

接ぎ木の場合には、挿し木の場合より、有利な状況にある。というのは、植物体として、株から根の部分については、もう出来上がっている幼木を使うので、上体の枝をこれに接続するだけでよい。このため、下部の継がれる植物と、上部の継ぐほうの植物の両方の中に入っている生命エネルギーを合体させることになる。

二つの木を接続する段階で、生命エネルギーの接続も起こるので、二つの植物が混ざり合うことになる。そして、上のものと下のものが合体して一体になった時に、新しいエネルギーが入ってくる。


生命エネルギーは、植物の命そのものであり、杉なら杉であれば、この命を与えられることで、植物の魂が、この杉の中に宿って生きていくことになる。もちろん、生命エネルギーが尽きていなくても、切り倒されたり、事故で山が崩れたり、火事で燃えたりすれば死んでしまう。

ここで大事なことは、魂と寿命というものは違うということである。魂の方は、木が枯れてしまっても、なくなってしまうわけではなく、生き続けている。


長く生きる木の場合には二段階目の生命エネルギーの注入は必ず起こる。これは、その木に宿る魂と連動していて、その木の意志に従うのである。

植林されているような木には、若い魂が宿ることが多く、その場合には、あまり大きなエネルギーは入らない。

数千年を生きるような杉に宿る魂は、ある意味、別格であり、偶然に生き残った木が、例えば、縄文杉になるのではなくて、そういう木には、それなりの魂が宿っているので、何千年も生きることができるのである。

草とか、低木の場合にはまた生き方が違っていて、植物ごとに固有の生き方があるので単純には語れないが、種子に封じられているエネルギーの果たす役割が相対的に多いのは確かである。

三段階目の生命エネルギーの注入は、例外的に起こる。その木に宿る魂の意志と、天界からの援助があった時に、その木の使命を果たすために与えられるものである。

人間の場合と異なるのは、植物同士の間での、このエネルギーの授受である。置かれている環境が非常に厳しい時に、あるいは、一本の木のエネルギーだけでは自らのミッションを果たすことが難しい時に、生き延びていく個体の選別が起こって、その木に対して、エネルギーを集めていく。

これは、強いものが弱いものからエネルギーを奪っていくという形で起こるのではなく、お互いに共通した、一つの意志の中で起きる。一つの愛のエネルギーの表現形でもあるということだ。

以前、稲を育てていた時、同じことが起きた。最初、四粒の種を別々に、四株の稲として育て始めたのだが、いかんせん、私の用意した環境が、自然の理想的な環境にはるかに及ばなかった。稲としては、このままでは十分に育っていくことができないと見たのかも知れない。あるいは、自分たちのもつ四株のエネルギーを合わせないと、これからやるべきことができないという判断があったのかも知れないが、しだいに、四株のうちの一株だけが、より大きく成長を始め、残りの株は勢いを失っていった。

その時の私には、はっきりとは分らなかったが、今から思うと、四株分の稲の生命エネルギーを一株に集約したのだろうと思う。

杉の木のような場合でも、必要があれば、この種のことは起こすことができる。周りの木が切り倒されていくときに、それらの木のエネルギーを残っている木に集約していこうと思えばできるということだ。

それが、エネルギー注入の第三段階目で起ることである。

逆の流れもある。杉でなくても、その森の中で、主《ぬし》のような存在である木というのは、天や地のエネルギーを引いて、周りの樹木に渡している。この場合のエネルギーは、生命エネルギーといっても、活動エネルギーに近いもので、寿命のエネルギーである生体エネルギーではないが、一つの森としてのエネルギーの場があるのである。

広葉樹は、秋になると葉が色づいて、やがて落ちていく。冬の間は、枝のみで過ごすが、葉に満ちていたエネルギーは捨てられる。この部分のエネルギーは、一部は、大地に返されるが、ほとんどは木に残る。目には見えないが、葉のついていたところには、エネルギーが満ちている。それ故に、葉の落ちた後の木の枝は、ものすごいエネルギーを放っている。

それは、新緑の若葉に覆われた木の枝とは対比をなすものだが、それ故に、冬の木の放つ独特のエネルギーもまたあるということだ。もちろん、落ち葉として大地に帰っていったエネルギーは、大地に循環する。微生物を生かし、自分たち樹木の栄養源ともなる。

私が自分の部屋で育てている草花は、太陽の光が直接あたらない、エネルギーの弱い環境にいる。その分、自然の風にさらされることはないが、植物たちは苦労していると思う。この環境でよく起こることは、古めの葉が黄化していくということだ。

これは、新しい芽や葉を作り出すエネルギーが足りないときに、古い葉の中からエネルギーを抜いて、新しい芽や葉の方に回すという現象らしい。全体には緑で勢いがあるのに、部分的な黄化が起こるのである。

室内で育てたカボチャやジャガイモでも同じようなことが起こった。こういう、環境に適応するために自らを変化させることは、植物の個体間でも起こるし、個体の中でも起こる。

私の机の上に活けてあるツユクサもそうだ。道端に生えているものを摘んできて、インスタントコーヒーの空き瓶に活けてあるだけだが、すぐに根が出てきて、この環境に適応した。根が出てくるということがポイントである。

新しい環境で根や芽が出ることは、その植物が新しい環境に適応した現れであり、そこから先は結構長生きしてくれる。

植生は、自然界にいる時と変わり、茎がぐんぐん伸びることはなくなり、古い葉が黄化して落ちていって、新しい葉が少し出てくるという循環の中で、ゆっくりと成長している。ナガエコミカンソウに至っては、これも二年くらい前に、道端に生えていた雑草のなかからひと茎摘んでコップにさしておいたものだが、見事に根が出て、私の机の上の環境に適応している。ナガエコミカンソウの根は真っ白で、とても見事である。あまり褐色になっていかない。それだけ、根にまつわるエネルギーが強いのだろう。

ある時、コップの水の酸化還元電位（ＯＲＰ）を測ってみたら、非常に低い値が出た。酸化還元電位とは、電子の授受のしやすさを示す尺度で、それが低ければ酸化状態ではないということだ。まあ、根が真っ白なのだから、うなずける値ではある。このごろは、緑の葉と紅葉した葉が混在し、小さな白い花をいつもつけているという、面白い植生になってきている。とてもかわいらしい存在である。

このように、植物は、集団としても、個々のレベルでも、生き物として生存するためにエネルギーの自己調整をする能力に長けており、しかもその力には複雑で多様な相があるということである。

18
マルコポーロ
――植物はなぜ切られても生きているのか

家族が疲れていたり、元気がなかったりする時に、部屋に黄色いバラを一本飾ると、元気をくれる。もちろん、どんな花でも、その場にいる人を癒してくれるが、黄色の花には格別の効果がある。スイートピーや菜の花でも効果は同じだ。

中でも私が好きなのは、マルコポーロという品種の黄色いバラである。このバラの花のエネルギーは、一輪の花を大きな部屋の中に置いただけで部屋全体の波動が変化するほど強い。

実際、花から放射されているエネルギーを見ると、最低数メートルの範囲に、花のオーラが拡散している。オーラといっても色は見えないが、私の場合、透明な霧のようなもの

マルコポーロ

が、花や茎の周りに放射状に何段にもわたって作られているのが見える。

写真に撮れるといいのだが、ただ目に見えるだけである。どう説明していいか困るが、そこに焦点を合わせたときにだけ見える。肉眼で見ているのではない。何もない空間の中にあるエネルギーパターンを見るための目のチューニングというか、意識調整は必要である。

花の花びらの周囲五ミリ〜一〇ミリくらいを包んでいるオーラがまず存在し、花から放射状に延びているエネルギー波が存在する。これとは別に、遠くに伸びているエネルギー波もあり、それは、花の上空数mくらいまで立ち上がっている。もちろん、花の周囲にも広がっている。

これは、マルコポーロをベランダの鉢から切ってきて、コップに挿した様子である。この花に勢いがあるのか、あるいは、別の事情があるのか、独特のエネルギーを感じる。たった一輪だけであるのに、とても、存在感がある。あたかも、もとの木とつながっているような気配さえ感じさせる。というより、命が抜けていないのである。

花だけではなくて、茎や葉にも張りがあり、エネルギーを放射している。四枚目の写真は、花が終わった時のものであるが、この状態でも、茎や葉はしゃんとしていて、生きている。しぼんではいても花びらにも力がある。植物の場合、茎を切断することが、必ずしも、生命エネルギーとしての切断を意味しないのだと思う。

一本の枝、一本の茎であっても、そこに命が宿ることがある。もちろん宿らぬこともある。もう少し科学的な言葉で表現すると、そこに宿る生命エネルギーが尽きれば、その枝は枯れてしまうということである。それ故に、花を長持ちさせるときは、その命を持続させるにはどうすればよいかということになるのである。

これは、ある意味、生命の不思議、生命の神秘をどう合理的に理解するかということに他ならないが、多くの人は、何となくとしか、この植物というものを見ていない。

高等動物の生命活動は、生命エネルギーが無くなることを待たずして、体の機能が不全になったり、心臓が止まったりすればたちどころに命を失うが、植物の場合は、すぐに命が途絶えるわけではない。

樹木から枝を一本切り取っても、その枝がすぐに死んだり枯れたりするわけではない。それ故に、命の所在が、一見、見えにくいということはある。

そうはいっても、この枝は生きがいいとか、みずみずしいとかいうことはなんとなくわかる。切ったばかりのときは元気そうに見えても、水に挿して一日二日経つうちに、しおれて弱ってくるというのは、だれの目にも分かるはずだ。

活け花でも、水上げがいい悪いということもあるが、基本的に生きている花や枝を切り取って活けるときに、その植物の体の一部を切断して使うわけなので、その切断された体の一部に命が宿り続けるのかどうかということが関係しているのだろう。

一枝のバラの花も、もとのバラの木から切り取ってしまえば、あたり前のことではあるが、水や養分が根の方からは上がってこなくなる。コップや花瓶に活けるときに、根の働きを完全に代替させることはできないが、水は、茎から入って上がっていく。しかし、この命の神秘は、茎とか枝の下の方から水が上がってくるということだけで説明はできない。

その植物、バラならバラを生かし続けようとしているエネルギーがまず存在している。花の精霊である。バラにはバラの精霊がいるが、自分自身の物質的なレベルの体として、花とか葉、茎、あるいは、根があるわけで、こういうものすべてが、彼らの表現形なのである。

一輪の花を、もとの株から切り取ったとしても、花の精霊がそこで分割されてしまうわけではない。そして、花の精霊が、自ら、この花は私自身でもあると思っている間は、その花からもエネルギーは簡単には消えてしまうことはないということである。

19 雑草の生き方

――知られざる雑草の効用

「雑草という名前の植物はない」とは、全ての植物を分け隔てなく愛した昭和天皇のお言葉であるが、その昭和天皇でも、ヒメジョオンやハルジオンなど、外来の繁殖力の強い植物を見つけると、できるだけ抜かれていたそうである。他の植物の害になるからだ。

雑草という「名前」の植物はないが、雑草とか、雑木とかいうジャンルの植物はあり、なにかいらない存在のように見なされているわけである。特に雑草は、農業の現場からすると、敵《かたき》のような存在であるのは確かだ。

私も田舎で生まれ育ったので良く分かるのだが、農業の労働は、九割方は草取りであり、少しでも放っておくと、一面草だらけになる。種を撒き、苗を植えて収穫をするのは一瞬のことで、あとは、この草との戦いといっても過言ではない。

群生しているヒメジョオン

作物である稲とか麦とか、あるいは、野菜とか果物の樹に比べ、草の生えるスピードは早く、あっという間に、草だらけになる。

草も小さなうちなら抜いたり摘んだりできるのだが、ひとたび大きくなると根の張り方もすさまじく、簡単に抜くことさえできなくなる。

草だけではなく、害虫や病気も大変で、放っておくと、一気に一面に広がり、隣の畑にも伝染する。田舎は村社会なので、大変なことになる。そこで、どうしても農薬を使うことになる。除草剤とか、殺虫剤とか、殺菌剤とか、何も使わないで農業をすることはできない現実がある。

だから、自然農法を始めるには相当のエネルギーが必要である。研究心も必要だし、モティベーションも必要だ。それで、出来上がった作物の値段が高くなかったりするので、若い人が、農業の現場からいなくなるのはやむをえないかも知れない。

そんなふうに虐げられてきた雑草だが、実は、雑草イコール邪魔者、という見方とは別の見方もある。

雑草の特徴は、まず、何といっても、その強い生命力である。

人に栽培される穀物や野菜は、生命力があまり高くないが、雑草の生命力はものすごく強い。環境の良くない、いわゆる荒れ地でも、雑草は簡単に芽を出す。

作物であれば、状況が悪ければそのまま環境に負けて枯れてしまうが、雑草は、地中に残っている根だけからでも、増殖していくものも多い。

雑草は、手で抜いても簡単には取り切れないので、このごろでは、発想を転換して、黒いビニールの遮光シートを土の上にかぶせておいて、種をまいたところだけ穴をあけておくようになっている。これはなかなか効果があるが、雑草そのものが無くなったわけではないので、機会があればまた出てくる。

見方を変えると、この雑草の生命力は、地球を緑の星にするために与えられた天の恵みかもしれないと思う。人手をかけてやらなくても、緑が広がっていくからである。

自然の生態系としても雑草の存在は重要である。

自然を形作る植物の大部分は雑草や雑木であって、特定の作物や樹木ではない。森を見ると、特に高木になるような樹木の存在感は大きいが、地面を覆っているのは雑木や様々な草であって、それがとても大事なのだと思う。

もう一つ、意外と知られていないのは、雑草の多くに薬効があるということである。例えば、草が生えているところならどこにでもいっぱい生えているオオバコには、咳止めや下痢止め、あるいは、消炎効果がある。

ネコジャラシとして知られるエノコログサは、アワの原種で、食べられる。この頃は、健康食ブームで、昔と違って雑穀を食べる人が増えているが、雑穀のあるものは、昔は雑草の類と見られていたものだ。

ヨモギは止血効果があり、草団子とか草餅の緑が必要な時に使われる。田舎育ちの私などは、幼いころに、外で指を切ったときに、ヨモギの葉を揉んで、その汁をつけてもらった記憶がある。

稲とかカヤなどの植物は、葉がトゲトゲしている。案外知っている人は少ないかも知れないが、これは珪酸を大量に吸収するためで、そのために、葉が固くなる。

ケイ素はもともと石の成分で、地球には大量にあるが、水にはあまり溶けない。上流の山の中から溶けだしてくるわずかの珪酸を、稲はほとんど吸い上げてしまう。

稲の葉に含まれるケイ酸は純度が非常に高く、これを取り出して、コンタクトレンズの材料にしているくらいである。意外なところに、意外な効用があるのだ。

美しい花をつける草にも、薬効があるものは多い。アカツメクサにしても、シロツメクサ（クローバー）にしても、ツユクサのような当たり前の植物にも、薬効はある。

昔、ある中国人の漢方の薬草師の方に聞いた話だが、薬草の薬効も、天然のものと栽培されたものでは格段の違いがあるそうである。

雑草にしても、天然の薬草にしても、なぜ、そういうことになるのかは分かるような気がする。

それは、やはり、生ぬるい環境ではなくて、過酷な状況の中で生き抜くという、その生き方、育ち方次第で、薬効が変わってくるということなのだろう。

日本茶などでも、寒さが増した方が、甘みが乗ると言われている。容易に育つということだけがいいとは限らないということである。

そういう自然の営みの中に、雑草の生き方もまたあるということなのである。

20 イヌブナ

――壊れたバランスを修復する植物との交流

高尾山の山頂から、吊り橋があることで人気の4号路を下ってしばらく歩くと、原生のイヌブナの樹林がある。ブナは全国に分布しているが、関東地方のように暖かいところでは、こういう少し高めの涼しいところに生えていることが多い。

ブナのような広葉樹には針葉樹にはない趣がある。やはり、ブナは柔らかい感じがしていい。ブナにはいわゆるブナと、このイヌブナの二種類あって、イヌブナの方が、樹皮が少し黒っぽい。イヌブナは、ブナと比べると、見た目は多少硬い感じだが、それでも、落葉系の広葉樹としてのエネルギーは同じだ。

中には、結構太い木もある。太めの一本を選んで、その木のエネルギーにタッチしてみた。久しぶりに感じるブナである。

高尾山４号路のイヌブナ

山道の途中で、右手をブナの木に近づけてひらひらさせていたら、通りがかった老夫婦がニコニコしながら近づいてきて話しかけられてしまった。何をしているのかと思ったのだろう。狭い山道なのであまり話はできなかったのだが、「こんにちは」とあいさつをして通り過ぎていただいた。

山の中では、すれ違うときに、必ず「こんにちは」とあいさつをするのが普通だ。下界に下りたらあいさつはしないが、これは山の掟みたいなもの。高尾山くらいだと、こちらがあいさつをしても、返事をしない人が少しくらいは混じっている。あいさつしたら、返事が返ってくる人、向こうからあいさつが来る人。このあたりで、その人がどのくらい山に慣れているかが分かる。

木に対しても、「こんにちは」と声をかければ、「よくきたね」などと返事が返ってくる。心の中ででもいいので、「こんにちは」と、言ってみてほしい。よく心を澄ませていると、木たちの思いが分かるはずだ。

ブナは落葉の広葉樹なので、秋になると葉が落ちて、春になるとまた若葉が出てくる。

この寒くなると葉を落とすところに落葉系の樹木の生き方の秘密がある。

彼らは環境に対する適応性が柔軟で、メリハリをつけてダイナミックに生きるという表現を好んでいるのだ。

ケヤキにしてもイチョウにしてもそうだが、冬は丸裸で、まっすぐに伸びた枝がまるで細い針金のように天に向かっているが、ひとたび芽吹き始めると、春の柔らかいエネルギーを身にまとい始め、新しい緑の葉で全身を覆う。

この変化が、落葉系の木の真骨頂であって、多くの草たちも、同じように春の温かさの中で芽吹いていく。


ブナに会うには、少し、山の中に分け入る必要がある。ブナの原生林として有名なのは秋田の白神山地だ。関東エリアでも、高尾山以外にも、奥多摩とか秩父とか、ブナの原生林がないわけではないが、白神山地ほど大規模なものは残っていない。おそらく、戦後、日本中でブナの原生林が大量に伐採されてしまったからだと思う。

一面がブナだと、ブナとしての強さが特に出てくる。アジサイなどもそうだが、群生のもたらす効果があって、群生することで植物は自らの本来の形を取り戻していく。

そうはいっても、白神山地は原生林なので、当然のことながら、ブナ以外の植物と共生して自然が出来上がっており、独特のエネルギーを醸し出している。

ブナはとても優しいところがある一方、アレロパシーを持っており、ブナ以外の木が生えるのを抑えてしまう。

アレロパシーというのは、植物が根から出す化学物質によって、他の植物の生育が阻害される効果のことである。他の植物を寄せ付けない力は、ブナや一部の雑草だけでなく、どんな植物でも多かれ少なかれ持っている。

植物の生命エネルギーの面から見ても、他の植物を自分の勢力圏に入ってこなくさせる力が働いているし、同じ植物の間でもそういう相互作用がある。

例えば、カボチャの種を蒔いたとして、そのカボチャがかなり大きくなってから、すぐそばにもう一つ種をまくとうまく育たない。別の植物の種でも似たようなことが起こる。時期をずらしたいときは、少し、遠くにまく必要がある。

あるいは、スギならスギを切って、そこに、又、スギの苗を植え付けようとしても、うまくいく場合と、うまくいかない場合がある。作物の場合の連作障害も同じようなものだ。

実際、ある植物が、例えば、キュウリが育っていって、一定の勢力圏を作っているときは、自らの周囲一メートルくらいに、そのキュウリのエネルギーが張られている。私には、そういう風に見える。

キュウリとコンタクトしたいなら、このエネルギーに触れればいいのだが、こういうエネルギーのフィールドが、逆にエネルギーのバリアになることもあるのだ。

植物同士の相性があり、相性がいい植物同士は、エネルギー的にも仲良くできるが、仲良くできないときは、弱い方が抑えられるということになる。


木の持っているエネルギーの個性はみな違っているので、このエネルギーにタッチして木と交流するのは面白いものである。

意識してタッチすることができないにしても、深い森の中に入っていくと、普通、誰でも、無意識に影響を受ける。それは、無意識でエネルギーに触れているということだ。

これは、ある種のセラピーであり、ヒーリングの方法でもある。

体や心の具合が悪いのは、どこかのレベルでバランスが崩れているということなので、このバランスを取り戻せばいい。

植物のエネルギーに触れることは、このバランスを取り戻すのを助ける。

自分を癒す力は、私たちの中にもともと備わっているので、その力が働くようにすればいいだけなのだ。植物の持つエネルギーに触れることが、そのための刺激になるということである。

言い換えると、植物の持つエネルギーには、人間の壊れたエネルギーを修復する作用がある。

考えてみると、今、地球が、いろいろな意味で汚れて苦しんでいるときに、それを一生懸命に修復しようと頑張っている植物たちなのである。

植物は、地球という惑星のエネルギーを受けて生きているので、植物のエネルギーにタッチするということは、地球のエネルギーに触れるということでもあるのだ。

21

菜の花

――群生する植物の力を借りてヒーリングができる

春になると、浜離宮に来るのが私の年中行事のようになっている。浜離宮というのは、新橋の超高層ビルの立ち並ぶ先にある、ちょっとした自然の味わえるスポットで、三月頃になると、菜の花が咲いている、東京では珍しい場所の一つだ。

菜の花は、お雛様のときに飾る花（菜の花とモモ）としてなじみがあるが、もともとは、菜種《なたね》をとるための植物である。菜種はナタネ油の原料で、菜の花が咲き終ると細長い実がつき、それが太くなっていって、中の実を絞ると油がとれる。

私なぞは田舎育ちだったので、春先にはれんげや菜の花で田畑がピンクや黄色に染まっていたが、都会ではれんげを探すのも一苦労で、そんな中で、浜離宮の菜の花は貴重な存在だ。

浜離宮の菜の花畑

菜の花畑に来ると、何といっても、まず、花から発せられる強いエネルギーに圧倒される。世の中にはいろいろなパワースポットがあるが、お花畑もパワースポットなのであり、中でも菜の花は別格である。菜の花畑の中に立つと、優しいエネルギーが体の中に染み込んで来るようだ。

菜の花に限らず、黄色い色の花は、一般的に優雅さや美しさよりも、強さが優っており、エネルギーが強い。ひまわりの種も油が取れるが、やはり生命エネルギーがとても強い。ほかには、タンポポ、黄色いチューリップ、黄色のバラなど、黄色い花を部屋の中に飾っておくだけで実際に元気がもらえる。

植物としてのナタネは、自然界の中から、エネルギーを油の形で集約する仕事を担っている。これは、ナタネの生命体としてのミッションであって、いわば自然界の生命エネルギーの中継基地のような働きをしている。

料理に使う油にはいろいろな植物の油があるが、植物の持つ使命からみると、だいたいみんな同じ仲間であると言える。オリーブなども、実のところにエネルギーを集約する作用があり、物質的には油という形をとって、人間や動物が食べたときにエネルギーをもらえるようにつくられている。物理的なエネルギーもくれるが、その中には、生命エネルギーも入っている。

そして、菜の花には、もちろん菜の花の精がいる。黄色い妖精たちだ。花の妖精の中では、派手な感じではないが、結構、エネルギーがみなぎっていてパワフルだ。ファイト一発リポビタンD、みたいな感じである。心身ともに疲れているときは、菜の花畑でぼーっとしていると、疲れを癒してくれる。

病気でエネルギーがなくなりかけた人にお花畑から花のエネルギーを運んであげると、その人を癒すこともできる。菜種の精にお願いすると、応えてくれる。

具体的には、菜の花のようにエネルギーの強いお花畑から、花を一本切って病室に持っていって挿しておく。もしそれが難しければ、写真をとってその写真を置いてあげる。その時に、菜の花に思いを向けて、一回菜の花と話しをしてみるといい。そうすると菜の花の精がパッとやってきて、話ができるのである。

それはなぜかというと、元の植物体のところから一本だけ切ってどこかに持っていっても、実は霊的にはつながっているからだ。

いずれは枯れてしまうが、生きている間は元のお花畑の菜の花の集合体と霊的につながっていると思ってその花を見てあげると、花を通して、元の花全体からエネルギーが送られてくるのである。

そういうふうに思われることがなければ、その花の方は、自分が認知されないので、なにもしないでいずれ枯れてしまう。だが、そう思って花に話しかけてあげると、エネルギーが送られてくる。

それが写真であってもいいし、写真も何もなくても、自分の中にイメージがあれば、そのイメージを通して菜の花に語りかけてあげると、エネルギーとつながる。それは、我々も魂だから、つながるのである。

ヒーリングをする場合は、やはり地上に群生している植物の力を借りるのがいい。群生している場所が地上のどこかにあれば、そこから一輪の花を持って別の場所に移動すれば、そこのエネルギーが、つながって協力してくれる。

地上に群生しているエネルギーがどこにもなくなると、肉体のない霊界の花のエネルギーではやはり次元が高くなりすぎてしまう。花も自分の肉体を持っているので、この世界の地についている状態のエネルギーを使うのがよい。

人間が地上で活動するためには霊的なエネルギーと肉体のエネルギーの両方を必要とする。

人間の魂の、つまり霊的な活動エネルギーは、寝ている時に魂を分離して、霊太陽からエネルギーをもらうことで補給することになっている。一方、肉体は、地上で食べ物や水を摂ることで活動エネルギーを補給する。

肉を食べても、その動物は植物を餌としているので、最終的には植物が集約しているエネルギーを食べている。

植物自体にも魂があり、魂の方は、霊的な世界から直接エネルギーを得ている。そういうコンビネーションで回っているものを食べた時に、エネルギーが人間の体の中に入ってくる。

したがって、本来は食べることによってエネルギーを補給すべきである。しかし、食べることすらできないほど衰弱した場合には、ヒーリングでエネルギーを補ってあげることはできる。だが、もちろんそれで全てが賄えるわけではない。

ヒーリングは、具合が悪くなって体のバランスが崩れている時に、それを調整して少し元に戻してあげるという位置づけになる。

本来は、人間には、自分で体を元に戻す力が備わっている。

一時的に調子が悪くなっただけだから、それを自己調整できるようにしてあげればいいのである。

マイナスの思いに汚染されているとか、心がおかしくなっていて本来の生命システムが働かないのであれば、それをどう補助するかということが、本来考えるべきことである。

ヒーリングは、そこのところは置いておいて、エネルギーだけをまず入れてあげるという話なので、応急処置でしかない。

花のエネルギーをもらうことはできるが、ヒーリングが万能ということではもともとない、ということは知っておかなければならない。

22

シュタイナーと農業

――生命体としての地球

一年半ほど前のことになるが、筑波で、ベンチャービジネスを立ち上げて活躍している若者たちが主催するバーベキューパーティーがあり、そこに出かけていったら、私が大学で研究科長をやっていた時代に産学連携に関するコーディネーターをしていた旧友の江原さんに出会った。どうしているのかと聞くと、最近はシュタイナーの本を読んでいるのだという。

ルドルフ・シュタイナーは、二十世紀の初頭にドイツで活躍した、神智学の巨匠である。いろいろな分野での業績があり、日本では、シュタイナー学校という教育の分野でよく知られているが、シュタイナーの著作は、どれも、精密で、難しい。晩年には、農業についての講義をしている。

江原さんと著者

どうしてシュタイナーなのかと聞いてみると、シュタイナーは経験主義ではなくて、ある意味、神秘主義であり、彼の頭の中からアプリオリーに出たものを絶対的な真理として語っている、そういうところに惹かれたらしい。

農業についてシュタイナーが語ったことは、要するに作物が命を持っている生き物であり、農場や農地も、それ自体ひとつの生命体であるという思想である。その具体的な展開として、彼の自然農法では化学肥料や農薬を使わず、その土地の中で循環する有機肥料を使い、水や土の管理をして、植物が生きる環境である農地を作る。

大きくいって、地球がひとつの生命体であると認識するなら、地球上に生きるすべての生き物は、地球という生命の中で生きていることになる。しかし、それだけではなくて、一つの地域であるとか、一つの農場であるとか、そういう単位で生命体としての土地や環境を考えるということなのだろう。

これは、その土地の所有権などの属性とは関係なく、その土地のエネルギー磁場としての観点から見た単位である。この山がひとつのエネルギー体であるとか、あるいはこの山の斜面がどうとか、この谷がどうであるとか、そういう単位が自然の中にあるということである。

そういう自然の区画は、まさに自然霊の身体に他ならないので、そう考えると、シュタイナーが環境は生命体であるとするのは、考えてみれば当たり前のことを言っているともいえる。

シュタイナーを支持する人たちはドイツに多く、彼の哲学である神智学を受け入れているので、ナイーブな環境保護を主張する人たちよりは強い信念を持っている。当然、グローバルな種子メーカーと対立があり、独自の自然交配させた種子を流通させているようだ。いずれにせよ、Ｆ１の対抗馬がいることはいいことだと思う。

ちなみに、Ｆ１というのは、優性遺伝の法則を利用して、異なった特性を持つ親を掛け合わせて一代限りの優秀な作物を作る方法で、均一な品質のものが栽培できるが、いわゆる固定種の種子と異なり、できた種を採取して植えても、正常に発芽しなかったり、同じ性質のものが育ってこない。現代ではほとんどの種子メーカーがこのＦ１の種を作っているが、自然の摂理にはあっていないと思う。

話を元に戻すと、江原さんは、シュタイナーの農業に関心があったわけではなく、彼の神智学に関心があったようなのだが、シュタイナーの本は私も何冊かは読んだことがあり、難しいよね、という話をしていたら、「そんなに難しいことは何もいっていないよ」という声が心の中でした。

その言わんとすることは、要するに、シュタイナーの言いたいことはとても単純なことなのだが、目に見えない世界のことなので、どうしても、ゼロから組み立てていかないといけないし、できる限り厳密に言わないと伝わらないので、頑張って説明すると、一見むずかしそうなことになってしまうが、本当の中身は、シンプルなのだ、というようなことであった。

そのバーベキューの時は、その話ですっかり盛り上がってしまい、何時間も話していた記憶がある。

筑波のバーベキューパーティは年に一回やっていて、ベンチャーの連中が費用をもってくれるので、参加者はタダで飲み放題、食べ放題で、お昼ころにスタートして深夜までやっている。

最近は、いろいろな方が全国から参加してくださるようになってきており、分野もいろいろである。地元の県の担当の方に会うこともあるし、私に会いたいと言って、来られる方もいる。とても自由な雰囲気で、百人前後の方が毎年集まって、それが十年以上続いている、不思議な会なのである。

もともと、私の専門であるＩＴ関係の人が多いのだが、そこでシュタイナーの話が出るというのも面白い。ただ、よく考えてみると、コンピュータというのは、ハードウェアもソフトウェアも、そこに携わる人の創造性でものを生み出していく分野であり、バリバリの物質系の科学とは、また趣が異なるのである。

23
園芸の魔術師バーバンク
――実をつけたアーリーローズの秘密

アメリカの園芸家で、新しい品種を千以上も作り出したルーサー・バーバンクという人物がいる。彼の作り出したジャガイモがその後アメリカ中で栽培されたことは有名である。アメリカでは、エジソン、フォードと並んで三大発明家と言われ、園芸の魔術師とも呼ばれたが、それは、どうも、彼のやっていたことが多くの科学者たちに理解されなかったせいもあるのではないかと思う。

育種とか品種改良という仕事は、一般に多くの試行錯誤を伴うため、新しい品種を生み出すにはものすごく時間がかかるのが普通である。バーバンクは、新しい品種を作るときに異種間交配も含めて可能な限りの努力をしたが、その膨大な仕事の中で、有望なものを

ジャガイモの花

見分ける直観力には目を見張るものがあったようだ。そして、時には、その植物にどうなってほしいのかを語りかけたのだそうだ。

機械的な遺伝要素の組み合わせだけではなくて、植物自体の中に本来備わっている力をどのようにして取り戻させるかが自分の仕事であることを彼は知っていたのだろう。植物が変化していくための力が内在しているという理解は非常に重要である。

バーバンクは、カリフォルニアに広大な農園と温室を持ち、4万本の樹木と25万個の球根を同時に栽培していたが、一九〇六年のサンフランシスコ大地震のとき、彼の巨大な温室の窓ガラスが一枚もひびさえ入らなかった。それについて彼は「自然と宇宙の諸力と霊的に交流していることと、自分の植物たちが順調であることが自分の温室を守ってくれたのだろう」と言っている。

バーバンクがニューイングランドの農園で一八七二年から七四年にかけて作り出したジャガイモの品種が、ラセット・バーバンクポテトというジャガイモである。当時、彼は在来種のジャガイモであるアーリーローズを育てていたが、なかなか実がつかなかった。

ちなみに、ジャガイモはタネイモを二つとか四つに切って植えて、そこから芽を出させていくのが普通の育て方である。

育種という意味では、ジャガイモも、種から出発しないといけない。だが、特に、アーリーローズというジャガイモは実をほとんどつけないことで知られていた。そのことは分っていたが、それでも、彼は、一生懸命実を探した。そして、あきらめかけていたある日、あるジャガイモが実をつけているのを発見したのである。

このとき、彼は、何か素晴らしいことが起こることを直感したという。しかし、次の日に行ってみると、この実がみつからない。あたりをくまなく探していると、数日後に、近くの地面に落ちているのが見つかった。そうして、23粒の種が手に入った。一本のジャガイモの幹には実は五つや六つはまとまってついていたはずで、一つの実の中にはトマトみたいに多くの種が入っているので、鳥についばまれていなければ、もっと大量に種が手に入ったはずだったが、とにかく、この23粒の種が、すごい種だった。

バーバンクは、この23粒の種を植えてジャガイモを育てた。不思議なことに、この23粒の種からはまったく違ったジャガイモが出てきた。一つは、赤くて美しい長いイモだったが、掘り出すと、すぐに腐ってしまった。腐敗菌に弱かったのだろう。別の一つは、紅皮で白い目をしていた。もう一つは、白い皮で、赤い目をしていた。二つの白タイプと他のいくつかは、とても深い目をしていた。そして、23種のジャガイモのすべてが、それぞれにひどく異なっていた。その中で23番目のものが、ただ一つ、実用に適したものだったのである。

こういう直感の働くところが、彼が普通の育種家ではない所以かもしれない。そして誕生したのが、のちにバーバンクポテトとして知られるようになる新しい品種だったのである。バーバンクが二十三歳の時のことで、これが、バーバンクの育種家としての出発点であり、のちに伝説となった話である。

バーバンクのジャガイモは、科学的に解釈すると突然変異が起こったと考えることができる。花が咲いていた時点で、蝶とか蜂などによって自然交配が起こったのかもしれないし、何らかの刺激があったのかもしれない。

しかし、真実は、それだけではない。普通は実をつけないアーリーローズが、なぜ実をつけたのか、そして、なぜ、その実の中に、新しいジャガイモとなるべき種がついたのか、という謎には、いくつか秘密があった。

まず、ひとつは、アーリーローズというジャガイモの株が、生命体としての本来の力を取り戻したことが挙げられる。これは、バーバンクの思いに応えたということである。信じられないかも知れないが、ジャガイモには、ジャガイモの精がいる。精霊とは、つまりジャガイモの魂である。

アーリーローズの精は、長い間、種をつけるのを休んでいた。なぜかというと、人間が、ジャガイモを植えるときに、種から植えないで、イモから植え付けるようになってから、あまりに長い時間が経っていたからである。

そういう意味では、いまでも、種がつくような種類のジャガイモというのはある。しかし、そうでないジャガイモもある。こういうことも、一種の環境への適応かも知れないが、種をつけるというのは、本来的に言うと、あらゆる生命体にとって、とても根源的な力の発現であり、そういう力が、ジャガイモの中から消えてしまっているわけではないということである。

そして、このことは、偶然に起きたわけではなく、アーリーローズの魂が、バーバンクの思いに刺激されて、やる気になったということなのだ。どうして、そんなことが分るのかと言われるかもしれないが、ジャガイモに聞いたのである。

当時、バーバンクは、付近の農場の人たちに、アーリーローズが種をつけたら賞金を出すので教えてほしいと言いまわっていたが、一件も種がついたという話はなかった。だから、普通では全く種のつかない品種だったのである。

バーバンクのジャガイモのことを調べていたら、私もジャガイモが育ててみたくなったので、部屋の中で育ててみた。ジャガイモは、鉢に入れて育てたが、ものすごい勢いで、大きくなっていった。

ジャガイモ以外では、ベランダで育てたキュウリもものすごい勢いで伸びていった。そして、不思議なことに、あるところで、成長がピタッととまって、葉が枯れだしたのである。まるで、自分が置かれた環境を知ったうえで、どういう生き方をしたいかを、自分で選んで私に見せてくれているようであった。

キュウリに至っては、二本だけ実をつけて、これも、ピタッと、成長が止まった。まるで、これで、いいですか、と言われているようだった。

それで、私のジャガイモに、バーバンクのジャガイモはどうだったのか聞いてみたのである。これまでの経験で、植物は、目の前に見えているものだけではなくて、多くのところにつながっているということが、なんとなくわかっていたからである。そうしたら、バーバンクの時のジャガイモの精がやってきて、いろいろと教えてくれたのである。


その後、ジャガイモの成功で、バーバンクは、本格的な育種家に成長していく。それにしても、同時代のエジソンにしても、バーバンクにしても、ろくに学校にも行っていない。全くのゼロから出発した人生だ。それで、ここまでやるというところがすごい。

エジソンもインスピレーションは重視していたが、バーバンクは、実際に、植物に語りかけ、植物がそれを理解してくれたことをテレパシーで感じたそうである。

学校での知的な教育が、人間に本来備わっている霊性を奪ってしまうのかもしれない。

24 水のらせん運動とシャウベルガー

――水を旋回させると酸化還元電位が下がる

かつて、水耕栽培で稲を育てていた時に、稲を元気にするには水が重要だと思って、いろいろと実験していたことがある。水は本当に不思議な物質である。非常にありふれた、身の回りのどこにでもある物質なのに、科学的に分かっていないことが多い。

巷では、活性水というジャンルの水があって、磁気や圧力や回転で水質が変化する現象について、いろいろ原理的な説明がされるが、どこまで本当なのか今一つ定かでない。

私が試行錯誤でいろいろやったことの一つに、水の酸化還元電位を測定するというものがあった。これは、水が酸化している度合い、あるいは、逆側からみると還元している度合いを数値で測るのである。

水のらせん運動

この酸化還元電位というのは、pHとか電気伝導度とかイオン濃度などに比べて、あまり安定でない属性である。

例えば、普通の水道水だと、500から600mV《ミリボルト》くらいの値が出る。山間地の水だと200mV台の値を示したりする。生体の中の水は、人間の体液にしても、木の樹液にしても、もっとずっと低い値のようなので、どちらかというと、酸化還元電位は低い方が水の状態は良いということは言える。

植物の栽培で言うと、この値は根の状態とかなり深い関係にあって、根が真っ白になっているようなときは、周りの水の酸化還元電位は200mV台だが、根が褐色化してどろっとしてきているときは400mVから500mVくらいになっている。

私の机にのっているコップの中の〝ナガエコミカンソウ〟などの根は、真っ白なままで、このコップの水の酸化還元電位を測ると、250mVくらいである。

ただ、酸化還元電位だけを見てすべてが分るわけではないので、そこは注意を要するところである。

水のことをいろいろ調べていた時に、偶然見つけた『自然は脈動する』（日本教文社）

という本の中に、シャウベルガーという、水を研究した面白い人物のことが書かれていた。シャウベルガーはオーストリアに生まれて、二十世紀の前半に活動した。アメリカの三大発明家であるエジソン、フォード、バーバンクも、皆ろくに学校に行っていないが、シャウベルガーも同じく高等教育は受けていない。

彼は、初め森林官になった。今でも、ドイツとかオーストリアには、深い森が残されている。オーストリアの原生林の管理をするのは、彼にはうってつけの仕事だった。彼は、森の中で自分の目で自然をつぶさに見、独自の洞察力によって、自然の中に隠された力を発見するのである。

シャウベルガーは、特に水の動きに着目した。右旋回をする水と左旋回をする水は、自然の中には当たり前に存在している。逆に言うと、自然の中では、まっすぐ流れ続けること自体が難しいことであり、右に進んで、そこで何かにぶつかって向きを変え、次に左に進んで何かにぶつかるというような流れを繰り返している。

これは、渓流や川の中での水の流れをよく見ていれば、どこでも見ることができる。川の蛇行が、右と左へふれていくのも、こういうことが自然に起こっている結果である。

この水の右回りの旋回と左回りの旋回が、とても重要なことにつながっていくのである。ある方向に向かって移動しているときに旋回があれば、それは、らせん運動になる。お風呂の水を抜くときに、水が渦を作るのを見たことがあると思うが、北半球では、この渦は、左回りになり、南半球では、右回りになる。

渦というのは、らせん運動で、いろいろなところにできるが、渓流の中を水が流れているときでも、渦がいろいろな形で発生する。

やがて、シャウベルガーは、水がらせん運動をする時に巨大なエネルギーを生み出すことを発見するのである。

私がなぜこのシャウベルガーの水のらせん運動に興味をもったかというと、これは私自身もあるとき、体の回転運動がエネルギーを生み出すことを発見したからだ。

立った姿勢で、体をニュートラルにして、腰を回転させる。右と左を交互に、右腰を前から後ろに向かって旋回し、その後、左腰を前から後ろに向って旋回させる。ちょうど、八の字を描いているような感じになるが、これを繰り返すと、エネルギーが入ってくる。心身にエネルギーが満ちてくるのである。

反対向きは、なぜかうまくいかない。偶然、発見したのであるが、とても気持ちがいい。これは、踊りとかダンスの中にある基本的な動きでもあるのだが、この回転運動の中に、秘密があるらしい。

ここでひとつ大事なことは、右の回転と左の回転を組み合わせることである。一方の回転だけだとうまくいかない。組み合わせると、揺さぶる感じになる。右回転がプッシュで、左回転がフック。フラメンコのダンスの時に、手を小指の方から折り曲げながら、回し込みながら引き寄せる動きとかも、左右の手で交互にやると、対称な動きになる。

何が言いたいかというと、こういう左右のローテーションと、シャウベルガーのいう、水のらせん運動には、共通の要素があるということである。

人間の体内には、多くの水があるということを忘れてはならない。水は、とても、いろいろなエネルギーに共鳴しやすい物質である。まあ、今の科学では、そこまで踏み込むことはできていないが、私の体感からすると、そういうことである。

そこで、次に考えたことは、このらせんの経路を作って、そこに水を流したら、どうなるかということであった。このときに、水の状態を何で見るかということが問題になる。

私としては、そのものずばりの方法がない中で、とりあえず、酸化還元電位（ＯＲＰ）を使って、らせん回転させた水の状態がどう変化するのかを見てみることにした。

普通の水道水を、右回りの水路と左回りの水路で回転させながら計測したところ、確かに酸化還元電位が変化した。水路のサイズとか、水の流速とか、渦のでき方とかで、微妙に変化があり、どうすればどうなるという風に言うのはなかなか難しいのであるが、何かが起こっているのは確かなことのように思える。

酸化還元電位が６００ｍＶ代の水が、みるまに、２００ｍＶ代まで落ちていく。実は、このあたりに一つの壁があって、酸化還元電位がそれ以上は変化しなくなる。

ところがあることをすると、この壁が破れるのである。それは、シリコンシーラントというシーリング剤を、少量この水に触れさせてやることだ。これで200mVの壁が破れる。

このシリコンシーラントというのは、内装などのときの防水材だが、このシリコンシーラントの分子構造は、シリコンの高分子が右回りの螺旋構造をとっているのである。これに触れるだけで、水の状態が変わるのだ。

もうひとつ面白いことは、一度、酸化還元電位が、例えば、100mV代の水ができると、この水を、600mVの水で何倍かに薄めても、かなり低い値にとどまるということである。摩訶不思議である。

水を旋回させると、なぜ、酸化還元電位が下がるのかは不明である。また、酸化還元電位が下がるのはいいとしても、これが何を意味しているのかはわからない。なので、ここでは、現象の説明だけにとどめておくことにする。

25 シャウベルガーの鋤

――土は生きている

福岡正信さんの不耕起農法は、人為で耕すという労働を廃して、自然の力を借りて作物を育てるという考え方である。

ところが自然の力は、深い山の中とか、急峻な山肌とか、渓谷や複雑な地形の組み合わせの中から生み出されるもので、いろいろなエネルギーのダイナミクスが必要であり、平坦な農場だけからは生み出せない。

時々シャッフルすることが必要であるという意味で、嵐とか、豪雨とか、時によっては、山くずれとか、そういう変化によって生み出されるような、停滞を打破する作用も必要だと考えるのである。

要するに、普通の畑には静の部分はあるが、動の部分が足りないということである。

シャウベルガーの鋤（模型）

土を掘り起こしたり耕したりすることは、そういう変化を作り出すために意味がある。とはいえ、深く掘り起こしすぎると表土の中に形成されているエネルギーバランスが乱れるので、本当は気をつけなくてはならない。

畑を作るときは、畝《うね》をつくる。表土を厚めにできると同時に、空気が土の中に入り、水はけがよくなる効果もあって、普通に使われている技術だが、自然の力を借りるということでは、土を掘り起こすことをミミズやモグラに任せるという方法もあるかもしれない。

人間が土を耕すのであれば、シャウベルガーの鋤が面白い。

シャウベルガーの鋤は独特の形をしているが、日本にも、短床犂《たんしょうすき》という変わった形の犂があって、馬や牛にひかせて田畑を耕していた。

この犂は、私も幼い時に見た記憶がある。その後、耕運機に代わってしまったが、昭和三十年代くらいまでは使われていたらしい。

私の田舎の方では、牛に犂をひかせていた。この短床犂ですくときは、厚さ二十センチくらいの層の土をはがしていくようにする。はがされた土が、切れ上がってきて反転し、農地の上に落ちていく。そういう光景が今もはっきり思い浮かぶ。

蛇足だが、牛がけがをした時などは、田んぼの泥を塗りつけて直していた。私などは、指を怪我したら、ヨモギをもんで、その汁をつけてもらっていた。止血と殺菌の両方の効果があるらしかった。それで治ったので、効果はあったのだろう。

さて、この犂が表層の固くなった土を切り出していく光景と、シャウベルガーの鋤が、妙に重なるのである。

シャウベルガーの鋤と短床犂のどこが違うかというと、まず、掘り起こした土を8の字に回転させて、もとあった位置に、ぴたりとおさめるというところである。

シャウベルガーの鋤は左右対称になっていて、右と左では、土が逆回転する。それと、鋤の素材には、鉄ではなくて銅を使わないといけない。土の中にエネルギーが引き込まれていくと言うことなのだろうが、鉄の鋤では、このエネルギーが変質してしまう。

耕す深さは、十センチまでで、それ以上耕してはいけない。十センチ以上深くてはいけないのは、表土の表層にいる微生物を殺さないようにするためだそうで、深く耕すと、死んでしまうのだとか。そして、この鋤で耕すことで、肥料を入れなくても収量が上がったのだそうだ。

それぞれに重要な意味があるのだが、この意味は、シャウベルガーがこの鋤を世に出した頃は、理解されなかった。いまでは、もっと理解されないだろう。

この鋤は成果が出ていたにも関わらず、残念なことに、当時の肥料メーカーの妨害で抹殺されてしまったらしい。

その後登場した耕運機は、土の塊をより小さく粉砕することができるし、一度、バラバラにしたうえで、表土を再構成する。もちろん、物理的には、土は空気を含んで柔らかくなる。

機械仕掛けなので、人力とか、牛馬にひかせることもなくて、省力化もできる。どう考えても、こちらの方がよさそうに見える。

ここに落とし穴があるということなのである。


シャウベルガーの鋤は、正確には、バイオプロウという名であるが、日本ではほとんど知られていない。シャウベルガーの名前そのものが知られていないということもある。

この鋤について少し補足すると、8の字をかいて土を回転させることは、それ自体が地球のエネルギーを取り出す運動としての意味があるということである。

この鋤の大きさは、耕す土の深さできまる。というのは、耕した土を旋回させながら、鋤の中を通過させないといけないので、そのための経路となる大きさが必要なのである。銅板とか型紙で形状のモデルを作ってみたが、右側の鋤であれば、最初に、土は右回転し、それから、左回転に変わる。この変曲点の位置と鋤のブレードの形状の設計は注意を要するだろう。あと、鋤は、牛や馬にひかせるとしても、結構なスピードで移動するので、土がスムーズに鋤の中を通っていかないといけない。抵抗が大きすぎると、ひけないからである。

材質が鉄ではいけないのはなぜかというと、シャウベルガーは、鉄は強磁性体であり、銅は反磁性体であることを理由にしていたが、本当は、鉄と銅は波動がかなり違っており、鉄のグループの金属はとても攻撃的なエネルギーを出すからである。鉄の波動は破壊的なので、既存のエネルギー磁場をリセットしたいようなときにはいいのかもしれない。

彼によると、鉄の鋤を使って耕すと水の性質が変わり、生きている水が死んでしまうのだそうである。

これに対して、銅の波動は、いろいろなものを受容するエネルギーを持っているので、土に触れても土の波動を壊さない。これが大事なところなのである。その意味では、木の鋤とか、セラミックの鋤でもいいかもしれない。

銅の一番の問題は、素材として柔らかすぎることである。鉄や、鉄とニッケルの合金などであれば、強く摩耗しないが、銅は磨耗してしまう。シャウベルガーは、鉄の上に銅をメッキしたり、リン青銅を使ったりしたようなので、この面での工夫は必要である。

シャウベルガーの鋤では、掘り起こした土は、掘り起こす前の位置にそのまま戻されるので、元の土のエネルギー構造が破壊されず、また、土中の微生物の活性も損なわれないということのようである。

そういう観点からは、畑に畝を作るときも、土をあまり細かく砕いてきれいに整地しすぎない方がよく、多少荒くて、不規則な形の方が、かえっていいのである。

土が細かく砕かれすぎると問題で、特に、トラクターなどの鉄の刃で耕すと、鉄の刃の波動に触れるという問題と、土が細かく砕かれるという二つの問題がある。

本来は、土自体が生きているので、土の形を変えるには、細心の注意が必要であるのだが、そういう知識がないために、慣行農法では知らずに土を傷つけてしまうのだ。

もちろん、土を耕さなくていいというわけではない。土は放っておくと固くなっていくので、ある程度の攪拌は必要である。

ついでに化学肥料を使うことの是非についていうと、まず、波動的な観点からは、鉄の鋤を使うのと同様に破壊的な波動が入っていくので、水に対しても、土に対しても、植物の根に対しても良くない。

次に、波動以外の観点から見ると、化学肥料の成分には植物が吸わないものがあり、それが土の中に残るので、化学肥料を使うと土は固くなるのである。

このことは、化学肥料を使用した極端な環境である、水耕栽培の例を考えると分かりやすいだろう。

水耕栽培の場合、植物は培養液を全量吸収するわけではないので、必ず、植物が吸収しないものが残り、数か月で、コントロール不能になる。だから、一定期間ごとに交換するし、古い培養液は廃液処理しないといけないのである。

こういう面倒な部分はあまり知られていないが、実際問題として、化学肥料を使うことはいいことばかりではないことは明らかだろう。

水耕栽培の場合には、それでも、水質を管理しているので、コントロールできなくなっていく状態が全部目に見えるが、土の場合は非常に優秀なバッファなので、相当のところまで、土は耐えてくれる。

しかし、その間に、復旧不能のところまで行ってしまうということだろう。

農業の工業化によって、そういうことが全地球規模で、ここ百年くらいの間に、あるいは、ここ五十年以下かもしれないが、起こっているのである。

一番大事なことは、土そのものが生き物だという見方であると思う。土くれが、土くれではないのである。土くれは、土くれとして「生きている」と考えなければならない。

水も、生き物のようなところがあるし、もちろん、土の中には、微生物もいっぱい生きているが、微生物の住処《すみか》だというだけではなくて、土は土としても生きているところがある。

シュタイナー流に言い直すと、耕地も一種の生命体であって、その生命体をエネルギーに満ちた元気な状態にすることが、その土で植物を育てていくということにつながっていくということだろう。

こういうことが分っていないと、土を殺していても分からないということなのだろう。土がどれだけ大切なものかということを知らなくてはいけない時期に来ているということだと思う。

26 コンコードの自然とソロー

――アメリカの精神文明の源流の地

ボストンからから北東に二十キロくらい行ったところに、昔、オルコットが若草物語を書いたコンコードという町がある。この町の南の方に、ウォールデンという湖があり、ボストンに国際会議で行った時に、少し足をのばして、行ってみたことがある。

正確には、ウォールデンポンドというのだが、どう見ても池ではなくて、ちょっとした湖だ。コンコードの町は、周囲は自然が豊かであるが、そんなに深い森という感じではない。ウォールデンも、周囲は林で囲まれていて、太い木はほとんどない。

写真は、このコンコードのもので、夏の風景と秋の風景である。左下は、この湖の周りの雑木林である。この写真だけからだと、これは、日本のどこかだと言われても見分けがつかないかもしれない。逆に言うと、アメリカの中で、こういう景観のところは、そんな

ウォールデン湖

コンコードの小径

雪をかぶったもみのき

コリンさんと著者

に多くはないということだ。

ここが、アメリカの思想家ソローが書いた「森の生活」（岩波文庫）という本の舞台である。彼は、思索をしたり本を書いたりする時間が欲しくて、この湖のほとりに小屋を建てて、自給自足の生活をしていた。

この湖の周辺は、かの高名なエマーソンの土地だったので、エマーソンからタダで借り、小屋は、木を切り倒して、自分で建てた。隠遁生活をするのが目的ではなかったので、必要に応じて、コンコードの町に出かけていた。

当時、コンコードに住んでいたのは、エマーソンの主催する超越主義を実践する人たちで、ソローもその一人だったらしい。

若草物語を書いたオルコット（ルイーザ・メイ）は、当時まだ子供であったが、ソローのところにはよく遊びに来ていた。

自然の中を歩き回り、この周辺の自然に精通していたソローは、フルートを愛していた。出かけるときには、いつも、ノートと鉛筆とフルートを持ち歩いていたということだ。「ルイーザ・メイとソローさんのフルート」という絵本が出ているくらいなので、楽しい関係だったのだろう。かつてここはこういう人たちが活躍した場所だったのだ。

私は、夏と秋と冬の三回、このコンコードに行く機会があった。右下の写真は、冬に行った時の写真で、ソロー学会の事務局のコリンさんという女性に案内をしてもらった時のものである。彼女は、本職はライブラリアンで、ボランティアで事務局のスタッフをしていた。ソロー学会に集まってくるのは、アメリカの大学でも文学が専門の人が多く、彼らの英語は、理解不能なくらいにわかりにくいのだが、彼女の英語は良く分かった。

コンコードについたときは晴れていたが、彼女にソローにまつわる史跡を案内してもらっていると、急に雪がちらつき始めて、そこら中が、真っ白になってしまった。ああ、これは、この地の自然霊の方たちが出迎えてくれたんだなあと思った。

写真に写っているのは、小ぶりのもみの木だと思うが、雪をかぶって幻想的である。コリンさんに、きっと、この地のナチュラルスピリットからのプレゼントに違いないと言ったら、すごく喜んでいた。

ここは、アメリカ東部の中では、聖地のようなところである。独立戦争が始まったところでもあるし、エマーソンやソローが、この地でアメリカの精神文明の源流を作っていった場所でもあるから、アメリカの人たちが大事にしている場所であるのは確かだ。そういう意味で、ここで、ルネッサンスが二度起こったのだと彼女は言っていた。

植物とか自然という面を見ると、ソローのころから百五十年くらいが経っていて、やはり、弱ってきている感じがする。今の世の中なので、開発が進んできているようだ。アメリカは、空間がゆったりしているので、日本のような感じではないのだが、それでも、影響は受けている。

コンコードには、スターバックスはあるが、マクドナルドがない。これは、町が受け入れていないのだそうだ。それが、コンコードに住んでいる人たちの誇りなのかもしれない。

ソローは、自然保護という意味でアメリカの原点にいる人であり、その意味で、やはり、コンコードにいる人たちの意識は高いということなのだろう。

27

カスケードの杉林

――シャスタ山の精霊が住む森

ポートランドから東のカスケード山脈の方に行ったところに、日系人が多い地元でオレゴン富士と呼ばれている、フット山という三千メートル級の山がある。

国際会議があってポートランドに行った時に、暇を見つけてこのフット山の麓までドライブした。

ポートランドは、西海岸の北、オレゴン州の上の方にあり、シリコンバレーに次ぐハイテクの町である。

アメリカが全体としては乾燥しているにもかかわらず、カスケードと呼ばれるこの一帯は水に恵まれていて、深い森が存在する。オレゴン州は、その中心にあり、とても自然に

シャスタ山の杉林

レーニア山の杉林

恵まれている場所である。今のような異常気象の続いている中でも、特に守られている場所の一つなのだろう。

州道26号線をひたすら走ると、やがて、両脇にみごとな杉林が現れた。

実は、こうした国道の周りに広がる杉林も、初期の自然林はすでに伐採されて、いま生えているのは、その後に植林された二代目である。

杉と言っても、松の仲間であるダグラスファーとか、ヒノキ科のクロベの仲間のウエスタンレッドシダーが多いようだが、植林した時に、新しい苗がうまく育たず、木を切り出すときに、もとからある成長していない木を残して成長させるなど、いろいろと苦労しているらしい。

アメリカでも、植林された木は、木材としての物理的な強さとか、防腐性や対害虫性が弱く、質がだいぶん落ちてしまっているということである。

今さらそういわれても、という感じだが、初代の天然の木は、ほとんど切って使ってしまっているから、大変な事態である。

花粉のアレルギーなども、植林された木が問題なのだが、そういうことを科学的に予測するのは難しい。

カスケード山脈は、ロッキー山脈の西側の太平洋に近いあたりを南北に縦断している山脈で、この中に高い山が連なっている。

フット山のすぐ北にあるのがレーニア山で、四三九二mある。フット山にしても、レーニア山にしても、夏なのに山肌は真っ白で、万年雪に覆われていた。

最近は、レーニア山の水で作った缶コーヒーも売っているので、日本でも名前を知っている人は多いのではないだろうか。

レーニア山もフット山も、実際に行ってみると、何か大ぶりな感じがする。日本の富士山の方が、きめ細やかな感じがするのは気のせいだろうか。

とは言うものの、渓流が流れたり、湖があったりするこの一帯の景観は、日本ではなかなかお目にかかれないものである。

そして、このカスケード山脈の一番南にあるのが、カリフォルニアのシャスタ山だ。シャスタ山の水も、ミネラルウオーターで売られている。

シャスタ山にも一度だけ行った事があるが、この山は、ちょっと特異な感じがした。木に精霊がいるというより、山の精霊がいる。この山を守っている方がいるということである。

山の下の方には杉は生えているが、上の方は木が生えていない。木が生えていなくても、山そのものの存在感みたいなものがある。

国際会議の最終日に、ホテルの部屋で地図を広げて、このあたりには何があるのだろうと思って眺めていると、すこし南の方にあるシャスタ山に目がとまった。

こんなところにシャスタ山があるんだ、面白いところかなあと思ったら、その瞬間に、ぜひ、シャスタにいらっしゃってくださいという思いが伝わってきた。

誰なのかは良く分らなかったが、ひょっとするとシャスタ山の精霊だったのかもしれない。

そこで、予定を変更してシャスタに行ってみることにした。しかし、よくよく地図を見ると、ポートランドからシャスタに行くには、オレゴンを縦断しなくてはならなかった。車で往復するとなると、相当な強行軍だった。

居眠り運転にならないように、スーパーで、スナップエンドウとセロリを一袋買って、これをかじりながら、なんとか到着した。

もともと予定していない旅の途中で、無理にいくことにしたこともあり、麓のドライブインについた時にはもう暗くなっていた。

そこで一泊して、朝四時過ぎに、車で登れるところまで登ってみることにした。途中何もなくて、まだ夜が明けず真っ暗で、一台の車とも会わないので、ちょっと怖い感じであった。

エバリット・メモリアル・ハイウェイという道を終点のオールドスキーボウルトレイルヘッドというところまで登ったら、そこに駐車場があった。

この地点が、標高二三五二mで、富士山の五合目が二三〇五mなので、ちょうど同じくらいの高さである。

そこはシャスタ山の登り口の一つであったが、シャスタ山は四三二二mで、ここからさらに二〇〇〇mは登らないといけない。本格的装備と時間と体力が必要だ。

駐車場についたときは、満天の星空にオリオン座が出ていて、えも言われぬ美しさだった。こんな星空は、日本では見たことがなかった。

シャスタ山の精霊が、よく来たね、と歓迎してくれた。

三十分くらい待つと、東の空から日が昇り、あたりがオレンジ色に染まり始めた。この二〇〇〇mを超えるあたりからは、あまり高い木が立っておらず、下の方と比べると、風景が一変する。

樹木から感じるものとは、また別の世界が展開している。安易な人の思いを受け付けないようなすごさがある。興味本位でこの山に入るのを拒まれているようなものを感じた。

山はそれぞれ、独特のエネルギー磁場をもっている。シャスタの磁場は、いろいろなものを含んでおり、行った人に応じて感じることのできるものが変わるのかもしれない。私は、洗練された、精緻な印象を受けた。

人間の住んでいる下界から比べると、隔絶した感じである。それだけでなく、神秘的なものにつながっているところがあるのだが、そこの部分は、わかる人にしかわからないだろう。

いつの日か、この山に登ることがあるだろうか。

それなりの覚悟があるなら来るがよい、といわれたような気がした。これがシャスタなのだ。

でも、私としては、シャスタのエネルギーに触れることができて、目的は果たしたと思った。山の精に感謝して、下りることにした。


下りの道では、もう夜が明けていたので、道路の周りの杉林を初めて見ることができた。山の中腹に生えている木は、そんなに背が高いわけではないが、原生林であり、この厳しい自然の中に生きてきた木たちである。

一本一本が、そういう気風を漂わせている。なんとも言えない強さがある。猛々しいわけではない。そうではなくて、なんというか、凛とした表情をしているのだ。これがシャスタ山の精霊が住む森ということである。

途中で、車を何回か止めて、この木々と交流しながら下った。

28

植物と話すということ

――魂と魂のダイレクトな交信

植物と話したいと思ったことはないだろうか？

私も、三十年近く前、稲を育てていた時に、稲と話ができたらどんなに素晴らしいだろうと思ったことがあった。その時は、話はできなかったのだが。

植物は人間同士で話すような言葉で会話はできない。だが植物にも意識はあり、思いもある。だから、こちらが相手の思っていることを感じないといけない。魂と魂のダイレクトな交信が必要なのである。

植物の方は、私たちが思っていることは、なんとなくわかっている。難しい理屈とか、知的なことを伝えようと思っても駄目だが、わかる範囲ではわかる。

問題は、植物の思っていることを私たちが感じられないことなのである。

植物の魂は、普通はナイーブで直感的である。だから、人間が頭の中で考えていることをそのまま投げかけても、理解できない。

でも、今日は花がきれいに咲いているね、と思えば、その思いは相手に伝わる。そのとき、それにこたえてうれしそうにしているのだが、私たちがわらないだけなのである。

なぜわからないかというと、私たちが、その花にも魂があり心があって、思うこともできるということを考えてもみないからだ。その花が喜んでいる姿を想像できず、そんなおとぎ話みたいなことがあるはずないと思い込んでいるからなのである。

この世で生きてきた経験や知識が、否定するのだ。ないと思っているものは見えない。これは、哲学的な認識論でもある。

だから、やはり一番大事なことは、植物にも心があるということを知ることだろう。植物にも魂があるし、意識もある。植物の方は、自分のことをどういう風に見ている人なのかということは、良く分っている。

自分がモノだと思われているのか、あるいは、ひとつの魂を持つ存在として認められているのかでは違うのである。

魂を持つ存在として認められているということ自体が、愛を感じることであるし、モノと思われるということは、無視されるということだからだ。それだけで、変ってくる。

といっても、植物の思いはかすかなことで、あまり、普通に人と話をするように、何か声が聞こえてくるとか、そういう風には思わないでほしい。ただ、相手にも魂があり、心があるのだと思っていると、何となく伝わってくるものがある。そういうことを大事にしていくということである。

言葉を持たない木の思いに繋がるには、その植物のエネルギーに実際にタッチすることが必要だが、私がやっている具体的な方法は、こうである。

まず、右手を開いて、手のひらのほうを、木の幹に向ける。この時に、幹に触れてはいけない。五センチくらい、離しておく。そこで、手のひらを少し左右に振ってみる。上下でも、斜めでもいい。

最初は何も感じないかも知れないが、手の平に意識を集中して、これをしばらくやっていると、何かを感じられるようになる。

感じ始めたら、幹から手を少し遠ざけても大丈夫である。エネルギーがついてくる。この感じる感覚というのは、木によって違うのだが、この違いが、いろいろやっていると分るようになる。

タッチした後で、手のひらを右回りに回転してみると、感覚が強くなっていくと思うのだが、どうであろうか。

ここでひとつ気をつけて欲しいことは、あなたが感じているということは、木の方も感じている、ということである。だから、あまり好奇心とか、興味本位な感じではやらないで欲しい。木に失礼になるからである。

現代人は、心の中で思っていることはお互いにわからないで、言葉だけを相手に伝えるコミュニケーションに慣れているが、植物にエネルギーをタッチして、自分の魂のエネルギーをつなぐと、自分自身の心の深層にあるものを隠すことはできなくなってしまう。植物に対しては、本

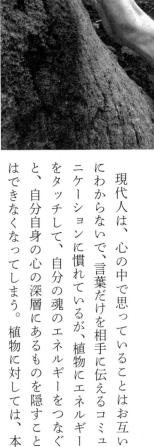

音と建て前という思いの二重構造は通用しない。

だから、心の中に悩みがあったり、疲れていたり、生きる意欲が無くなっていたときは、一輪の花を活けて、その花に自分の心を開いてみて欲しいのだ。その花は、あなたのことを思ってくれている。きっとあなたのことを助けてくれるはずだ。

その思いを受け取るかどうかは、あなた次第である。そういうことなのだ。

花のエネルギーには、癒しがあるし、美しさには、汚れを断ち切っていくような強さもある。あなたがそれに気がつけば、そういう力が働きだす。それが、植物たちの力でもあるからだ。

さて、植物の思いがわかったとして、それを言葉で表現するにはまた別の能力が必要である。

植物の思いが伝わってきたとき、それをどう受け取って、自分が納得できる日本語にするかには、かなりの自由度がある。どう受け取るかにも自由度があるが、どう表現するかにも自由度がある。

私が植物の思いを人間の言葉に翻訳するときは、まず私の心のフィルターを通して受け取ったものを私の認識力で理解して、それを自分なりの言葉で表現しているので、同じことをやっても、人によってかなりの違いが出る可能性はある。

植物はちょうど人間の赤ちゃんと同じであるというとわかりやすいかもしれない。

赤ちゃんが生まれたときは、最初は言葉を話せないが、実は、周りの人が話していることは、何となくわかっている。最初の頃は、まだ、心が開いているので、ダイレクトに感じることができる。

言葉が話せるようになると、心がだんだん閉じてきて、分らなくなる。生まれる前に、お母さんのおなかの中にいる時も、実は、赤ちゃんは良く分っている。一種のテレパシー能力がある。

もちろん、知的なことや記憶はリセットされているので、難しいことはわからないが、例えば、お母さんが、自分のことを面倒くさがっているとか、かわいいなあと思っているとか、そういうことは良く分る。

母親であれば、自分の子がどう思っているかは直感として分るはずである。同じように、自分の直感を働かせてみれば良い。そうすれば、相手がどう思っているか分るはずだ。子育てと共通したところがあるので、植物の思いが分る女性の方は、実は、結構おられるのではないかと思う。

だから、植物とはどういうものかを知ると、世界観が変わってくると思う。植物と話をすることは単純なことと、甘く考えていたかも知れないが、知ってしまうと、いい加減な生き方はできなくなってしまうのである。

29 エネルギーのバランス

――ネガティブな思いが地球に与える影響

エネルギーとは、一般に仕事をする力のことをいうが、植物の生長などの生命現象の文脈で使うときは、物理的なエネルギーではなく、生命エネルギーのことを指している。

もっとも、「生命エネルギー」というエネルギーは、科学的には見つかっていない。今の科学では、生命を現象としてとらえることができるだけである。

生命エネルギーとは、生きるエネルギー、あるいは、生きるためのエネルギーであると定義できるが、厳密にいうと、二つの種類がある。

一つは、魂が、自らの体を存在させようとするエネルギー、もう一つは、存在している体が生きるために使うエネルギーである。

高尾山の自然

前者は、『存在エネルギー』、あるいは、存在のためのエネルギーともいうべきものであり、自らが、自らの存在を、物質世界に作り出すためのエネルギーである。生物を生かそうとする意志そのもので、このエネルギーがなければ、生命はこの世界に存在することができない。さらに言えば、これは創造のエネルギーの一種でもある。

科学の世界で言うエネルギーは、仕事をする力なので、この考え方でいけば、存在エネルギーが生き物を生かす〝仕事〟をすれば、それは少しずつ減っていくはずである。すなわち、生きている間に存在エネルギーが少しずつ減っていって、無くなったときに、寿命が尽きて死を迎えるということである。裏返せば、このエネルギーは、寿命のエネルギーともいえるだろう。

後者は『活動エネルギー』ともいうべき、生きていくこと自体にかかわるエネルギーで、元気の源のようなものと言えばいいだろうか。生き生きとした生命の躍動感は、このエネルギーの表れである。

ちなみに、植物が自らの形を変えていくときは、前者のエネルギーが働く。一粒の種から、自分の体を作り出していくときには、『存在エネルギー』が関係するのだ。

では、スダジイのいう、〝自然のエネルギーのバランスを保つ〟とは、何を意味しているのか。

物質世界で表に現れているエネルギーの主なものは、地球の引力、自転、月の引力等で発生する力学的エネルギー、これに熱エネルギーや、電磁気のエネルギーなどが加わる。

こういうものが、複雑に絡み合ってできるダイナミクスによって、季節の変化から大規模な気象変動までが発生する。

だが、こういう自然界のエネルギー以外に、非物質的なエネルギーがあり、その力の場は、地球規模で存在する。植物や人間の生命エネルギーも、そのエネルギーの一つである。

地球が生命体であると考えると、当然、地球にも魂が宿っていると考えなくてはならないし、地球の体を維持しようとする力が働かなくてはいけない。地球自身のもつ生命エネルギーがあるはずだし、したがって、当然、存在のエネルギーも働いているはずだ。

これには、惑星全体を一つにまとめていくレベルもあるし、大陸を維持していくレベル、大陸の中の山脈とか、高い山とか、渓谷、川とか湖、もう少し小さなスケールの山であるとか、渓谷、あるいはひとつの平原とか、丘などにもスピリチュアルな力がある。

ミクロのスケールで見れば、ひとつの岩や、土の塊、岩の粒、砂など、あらゆるレベルに地球の構成物がある。そういうもの全てに、地球の魂の下位の構造の魂が宿っている。自然霊というのは、そういうスケールの中の、山とか湖とかいうレベルでの力である。こういう考え方からは、物質世界において、物が安定して存在するのは、それを存在させようとする背後の力が安定して存在するからであり、それが無くなると壊れるのである。因果関係の時間的なスケールは比較的ゆっくりしていて、秒単位で変化するわけではないが、きっかけがあると、崩壊する可能性が高くなる。

逆に、大陸を隆起させたり、沈没させたりすることも、地球という生命体に宿っている意識体の思いによって、非常に長い時間の中で起こっている。そういうことは、短兵急に、頻繁に起こることはない。だから、今起きている異常気象などの現象は、地球の生活サイクルによる変化というわけではなく、別のことが原因で起きているのではないかと思う。

話を元に戻して、自然のエネルギーのバランスを保つということの意味だが、我々が住んでいる大地を安定に維持することは、バックにいる地球自身や自然霊が自分の体を安定に維持することであって、そのための力の源泉であるエネルギーを安定化しなくてはならないのである。

大地も海洋も、物質面では、長い時間の流れの中で、ゆっくりと変化しながら、動的な均衡を保っているが、それを裏で支えている存在エネルギーの力のバランスが微妙に変わるだけで、大きな変動につながる可能性がある。そのために、この星を支えている自然霊の方々は、地球自身も含めて、自らのエネルギーのバランスを、必死で、調整しているという現実がある。

地球の生命エネルギーと、地球上で生きている我々人間も含めた生き物の生命エネルギーがどういう関係になっているかというと、我々の生命エネルギーは、地球から与えられているということである。地球が、その物質的な体である、大陸や海を存在あらしめる巨大なエネルギーを持ち、人間の魂はそのエネルギーを自らの肉体を作り維持するエネルギーとして使って、自らの肉体を存在させている。言い換えると、地球という惑星のエネルギーが全てを存在せしめている。私たちは、その意味で、地球の一部であり、地球自身でもある。ある惑星の上で生きるというのは、そういうことである。魂の起源は別だとしても、生命エネルギーの起源は、同じ地球なのである。

植物もまた、そういう地球のエネルギーの一つの表現として存在している。

ひとつの森の中には無数の植物が生きているので、その間に調和がなければいけないが、これは、見方を変えると、植物の無数の存在エネルギーの間でのバランスをどうとるかという問題である。

表面的には、バランスが自動調整で生み出されているように見えるかもしれないが、実際には、調和のための力が働いている。お互い同士、何をどうしていくかという調整自体がひとつの仕事でもあって、あるレベルの自然霊の思いに沿って、森の無数の植物が、どこに存在し、どのように生育していくかということを決めているのである。

言い換えると、森とか山とかの単位での生命体としての表現は存在エネルギーの調整で決まる。この上位の存在エネルギーが自然霊であって、このレベルにも、階層性がある。地球という星の場合は、一番上は地球という意識体そのものである。

また、個々の植物のレベルでも、生命体として生きている以上、自分自身のエネルギー体の調整は常に必要であり、実際行っているのである。それは、我々人間でも同じである。

もし、このエネルギーの調整を怠れば、身体に不具合が発生し、病気になることもある。軽ければ、調子が良くないくらいで済むこともある。

深い森の中では、常にこのようなエネルギーのバランスの調整はされていて、いい状態に保たれているのであるが、問題は人間が住んでいるところなのである。

都会は自然の中での特異点であって、エネルギーの場に虫が食ったように病巣が拡がっているところもある。

そういう場所があっても、全体を存在させる力がなくならないように、エネルギーをうまく回しながら、バランスをとっているのである。こういうことを、スダジイは、自然のエネルギーのバランスをとると表現していたのだろう。

簡単に言うと、こういうことである。人間でも、多少の不具合や、病気を抱えながら生きていることがあるのと同じように、地球も病気を抱えながら生きているのである。行き過ぎると、生命を脅かすような事態になる可能性は、もちろん原理的にはある。

地球が病気で倒れてしまわないのは、中心に、非常に強い生命エネルギーがあって、そのエネルギーが地球を支えているからである。わたしには、そのように感じられる。

しかし、地球の現状は、やはり、かなり弱ってしまっている気もしないではない。今の異常気象や天変地変が、温暖化だけが原因かというと、そうではない面もあるのかも知れない。

もちろん、温暖化が追い打ちをかけているのは、疑いもない事実であるが。なぜそう思うのかというと、それは、温暖化で物質的なエネルギーのバランスが崩れているのは確かだろうが、起きていることは、はるかに、それ以上のスケールになっている感じで、目に見えない世界で起きていることも原因の一つとしてあるのではないかと思うのである。

それは、主に地球に住む人間の思いに問題があるのだと思う。今のように国家間で争いが絶えない状態というのは、とても、正常な状況だとは思えない。核兵器を作ってみたり、一方では、テロが横行したり、強者だけが勝ち続けるグローバリズム経済の問題もどこかがおかしい。後戻りできない工業化された農業も、世界規模で土壌の体質を弱くしている気がする。

こういうことが、物質面の地球を傷つけているということは、もちろんあるが、その奥にある、自分だけがよければいいという人間のエゴの思いが、地球環境に霊的な面からの打撃を与えていることは、ありうると思う。

心の中の思いが思いだけで終わるならいいのだが、それがエネルギーとしてリアリティを持つのであるなら、事態は深刻である。ネガティブな思いから出てくるエネルギーが蓄積していくことで、地球を蝕んでいく可能性があるからである。

おわりに

スピリチュアルな世界は、目に見えない世界である。それは、現代科学で何も観測できない世界であり、それ故に、科学というメスを入れることができない。

しかし、目に見えないということは、それが存在しない根拠にはならない。存在するとも、しないとも言えないだけである。

私自身も、この物質を超える世界があるのか、あるいはないのかということに、長い間、関心はよせていたものの、決定的な確信は得られていなかった。

しかし、今は違う。確かにあるのである。少なくとも、知覚できるが観測できない世界があることは、間違いない。


——目に見えないからといって、それがないとは言えない——

科学者の立場としては、そうとしか言えないところが、口惜しい気がする。本当は、そうではないのだが。

本書で扱ったテーマは、私が長年にわたって探求してきたことの集大成でもある。主たる研究分野はコンピュータ科学だが、そのほかにも実に幅広くいろいろなことをやってきた。新しいセラミックスを焼くようなこともやったし、まだ発表してはいないが、植物の新たな栽培法を確立することもした。

だから、植物以外のことも題材としてもいくらでも話はできるのだが、今回は、特に自然や木や花を対象にして、スピリチュアルな世界とこの目に見える世界をどうつなぐかということを語ってみた。

読者のみなさんの人生の視点が少しでも拡がっていくなら、望外の喜びである。

平成三十年　盛夏

板野　肯三

板野　肯三
Itano Kozo

1948年岡山生まれ。東京大学理学部物理学科卒。理学博士。専門はコンピュータ工学。筑波大学システム情報工学研究科長、学術情報メディアセンター長、評議員、学長特別補佐等を歴任。現在、筑波大学名誉教授。自然や科学全般に幅広く関心を持って活動し、研究室で一粒の種から500本以上の茎を出す稲を育てた。ソロー学会の会員でもある。YouTube動画「超植物チャンネル」「サイエンス・ビヨンドチャンネル」「スピリチュアル・ビヨンドチャンネル」を好評配信中。

地球人のための超植物入門 ― 森の精が語る知られざる生命エネルギーの世界

2018年11月5日　初版発行
2023年11月6日　第三刷発行

著者　板野肯三
©Itano Kozo

発行者　髙橋敬介
発行所　アセンド・ラピス
〒110-0005 東京都台東区上野2-12-18 池之端ヒロハイツ2F
TEL : 03-4405-8118　email : info@ascendlapis.com
HP : https://ascendlapis.com

装丁・本文DTP　小黒タカオ
印刷・製本　株式会社シナノパブリッシングプレス

ISBN978-4-909489-00-5 C0091 Printed in Japan